南美洲含油气盆地类型与特征

雍自权　李金玺　刘　毅
戴国汗　卢亚平　袁海锋　著

科学出版社

北京

内 容 简 介

南美洲地质现象壮观、油气资源丰富。本书在中石化国际石油勘探开发有限公司资助下充分收集了南美洲相关地质资料和数据库，简要介绍了南美洲大陆地质特征和构造演化历史，系统分析了南美洲 5 大类含油气型盆地基本地质特征，着重研究了以东委内瑞拉盆地、普图马约–奥连特–马拉尼翁盆地、马拉开波盆地、中马格达莱纳盆地和桑托斯盆地等为代表的含油气盆地，阐述了各含油气盆地的构造特征、沉积特征、油气地质条件和含油气系统，并指出了油气聚焦有利带。

本书从区域构造、盆地油气地质条件和含油气系统等方面，全面介绍了南美洲地质特征和油气资源，可供本科生、研究生及石油公司的地质研究者等参考。

图书在版编目(CIP)数据

南美洲含油气盆地类型与特征／雍自权等著.—北京：科学出版社，2016.6

ISBN 978–7–03–049344–6

Ⅰ.①南… Ⅱ.①雍… Ⅲ.①含油气盆地–研究–南美洲 Ⅳ.①P618.130.2

中国版本图书馆 CIP 数据核字（2016）第 157934 号

责任编辑：杨 岭 黄 桥／责任校对：韩雨舟
责任印制：余少力／封面设计：墨创文化

科 学 出 版 社 出版

北京东黄城根北街16号
邮政编码：100717
http://www.sciencep.com

成都创新包装印刷厂 印刷

科学出版社发行 各地新华书店经销

*

2016 年 6 月第 一 版 开本：787×1092 1/16
2016 年 6 月第一次印刷 印张：11
字数：260 千字

定价：85.00 元

前　言

南美洲全称为南亚美利加洲，位于西半球南部，东濒大西洋，西临太平洋，北滨加勒比海，南隔德雷克海峡与南极洲相望。

南美板块，包括整个南美洲大陆，向东一直延伸到中大西洋海岭。南美板块的东界是离散边界，与非洲板块相邻，这一边界形成了中大西洋海岭的南段，属于大西洋被动陆缘；南界与南极和斯科舍板块形成复杂的边界；西界与纳斯卡板块形成会聚边界，属于太平洋活动边缘；北界与加勒比板块相邻。南美洲板块边界类型齐全，盆地类型多样，油气资源极为丰富。

本专著以板块构造学说为指导，研究了南美区域地质特征、板块演化史、沉积演化史；综合运用盆地分析、石油地质学理论，研究了南美地区沉积盆地类型、演化特征、油气生成聚集规律、油气勘探潜力。

南美洲板块边缘呈现"东被动－西活动－南北转换"的板块边界类型，形成"东台－西山－中过渡"的构造格局。

南美洲板块构造特征表现为南北有别、东西不同，大地构造控制了盆地的类型和分布。东部地台区发育古生代克拉通盆地群；晚三叠世开始，太平洋板块与南美板块之间由被动边缘向活动边缘转化，太平洋板块的俯冲消减导致安第斯构造带的形成，并发育相关的弧后、前陆盆地以及弧前、弧间盆地群；晚侏罗世至今，大西洋扩张，南美东部形成了大西洋型被动边缘盆地群；同时，南美洲南北边缘发育压扭运动，形成了扭压拉分盆地群。

弧后、前陆盆地群油气资源最为丰富，其油气资源量约占南美油气资源的82%，其次为大西洋被动边缘盆地群，约占7.97%。以东委内瑞拉盆地为代表的弧后、前陆盆地和以坎波斯和桑托斯盆地为代表的被动大陆边缘盆地油气资源丰富，是南美洲最具油气勘探开发潜力的盆地类型。南美洲最近几年的重大油气发现都出现在这两类盆地中（如委内瑞拉东委内瑞拉盆地、巴西桑托斯盆地）。

以东委内瑞拉盆地、普－奥－马盆地、中马格达莱纳盆地为代表的前陆盆地的构造演化特征、沉积特征、生储盖特征、含油气系统及油气聚集规律。弧后、前陆盆地沿安第斯山山前分布，盆地演化和沉积特征具有分段性，中部挤压最强缩短量最大，向南和北缩短量逐渐减小。白垩系优质烃源岩发育，北部盆地油气最富集，中北部阿根廷境内几个盆地次之，其他较差。弧后、前陆盆地沿挤压方向可分为逆冲造山带、逆冲褶皱带、前渊拉张单斜带，每个带都有油气聚集，前渊拉张单斜带为油气主要聚集带。

以桑托斯盆地为代表的大西洋被动大陆边缘盆地构造特征、沉积特征、生储盖特征、含油气系统及油气聚集规律。盆地群沿南美洲东海岸分布，盆地都具上下双层结构。空间上表现为南北相似，中段不同，中段盆地广泛发育中间盐岩层，南北盆地缺少中间盐层，中段盆地油气资源丰富，勘探开发潜力巨大。北段盆地主要发育碎屑岩沉积盖层，油气资源较丰富，具有较好的勘探远景。南段盆地发育碎屑岩层序并被火山活动复杂化，油气远景相对较差。中段含盐被动陆缘盆地一般分为陆棚拉张构造油气聚集带、斜坡盐岩构造油气聚集带和深海高原油气聚集带，斜坡盐岩构造油气聚集带和深海高原油气聚集带是巴西深海油气勘探的热点，是最值得关注的目标。

　　本专著是高校与企业密切合作的成果，由雍自权和李金玺统稿定稿。中石化集团公司国际石油勘探开发公司和成都理工大学等在专著完成过程中给予了大力支持。在此一并致谢！

作者

2016 年 4 月

目　　录

第1章　南美地质概况和盆地类型

1.1　地质背景及区域构造特征

南美板块，包括整个南美洲大陆，向东一直延伸到中大西洋海岭。南美板块的东界是离散边界，与非洲板块相邻，属于大西洋被动陆缘；南界与南极洲板块和斯科舍板块为界；西界与纳斯卡板块形成会聚边界，属于太平洋活动边缘；北界与加勒比板块相邻。

南美大陆主要由南北向的三个大的构造单元组成：西部及北部为贯穿整个大陆的安第斯造山带，它向南穿过斯科舍弧和南极西部造山带相连，东部为南美地台以及南面的巴塔哥尼亚地台，中部为次安第斯前陆盆地带。北美大陆西侧的中新生代科迪勒拉褶皱带，在南美洲北部及加勒比地区分为两支：一支从危地马拉向东，经大小安的列斯岛，至委内瑞拉加勒比沿岸山脉与安第斯山汇合，构成一个向东突出的弧；另一支直下南美洲，也称作安第斯褶皱系。太平洋沿岸一支(安第斯)主要发育有酸性侵入岩和喷发岩，向陆方向以中生代火山岩为主，向海方向发育古近纪火山岩系，靠陆侧(东部)主要由变质岩和沉积岩组成，时代各处不同，从古生代至古近纪，褶皱带内存在一些山间断陷盆地。西侧褶皱带地壳缩短，构造变形强烈。东部为一系列前寒武系地盾区，自北而南由三个地盾构成，分别是圭亚那地盾、巴西地盾、乌拉圭-巴拉圭地盾，地盾间与地盾内部存在着一些克拉通内陆坳陷盆地，上覆古生代及部分中新生代地层。地盾区的大西洋沿岸，由于大陆分离而形成许多的中新生代断陷盆地。中部为次安第斯前陆盆地，属于科迪勒拉向东与地盾区的过渡带，构造变形由西向东逐渐减弱，发育中新生代沉积盆地。

中生代以前南美和非洲大陆共同组成西冈瓦纳大陆，地层、构造带甚至金属成矿带都可以相互衔接。南美地台是由元古宙至早古生代构造地块焊接起来的复合克拉通，有三个前寒武纪地盾：圭亚那地盾、中巴西地盾和圣弗朗西斯科地盾(又称巴西滨海地盾)。在9亿~7亿年前的巴西运动(相当于泛非运动)后形成统一地台。其中石炭系、二叠系具有典型的冈瓦纳型特征。巴拉那盆地中生代有大规模的高原玄武岩喷发。南美大陆南部巴塔哥尼亚地块及其东面的马尔维纳斯群岛是古生代拼接到冈瓦纳边缘的克拉通地体，原来不属于南美地台。安第斯是一个复杂的中、新生代造山带，内部存在前寒武纪地块碎片，如阿雷基帕地块，基底的同位素年龄达19亿年。晚前寒武系—古生界组成盖层，进入中生代以后随着大西洋扩张、南美洲西移，纳兹卡大洋板块向东消减，大陆边缘转化成沟弧系。侏罗纪至早白垩世出现蛇绿岩系、混杂堆积、蓝片岩以及大规模的海岸基岩带。新生代安第斯山急剧抬升，现在的面貌到晚中新世以后才出现。

南美最老的前寒武系称伊马塔卡杂岩，发育在委内瑞拉境内的圭亚那地盾，基底为片麻岩、麻粒岩和紫苏花岗岩组成的高级变质岩系，同位素年龄为 34 亿～31 亿年，被 16.5 亿～16 亿年的罗莱马组含铁交错层砂岩、长石砂岩、砾岩和页岩不整合覆盖。中巴西地盾的基底称戈亚斯杂岩，下部为具鬣刺结构的超镁铁质岩和枕状玄武岩，上部为夹流纹岩和碳酸盐岩的碎屑岩系，夹基性火山岩，中元古界碎屑岩和中酸性火山岩不整合于其上，是最早的地台盖层。圣弗兰西斯地盾的基底是太古宙的麻粒岩、超镁铁质杂岩和绿岩带；新元古界含冰碛岩和冰海沉积，然后是含叠层石的碳酸盐岩和泥质岩；古生代初安第斯山东部遭受海侵，早-中寒武世灰岩含化石，早奥陶世后期局部有山岳冰川，中奥陶世早期海侵达最大。南美东部地台志留系、石炭系和二叠系为含冈瓦纳植物群的陆相地层和含澳大利亚宽绞蛤的海相地层。早二叠世末海西运动导致海退，晚二叠世南美大陆广泛发育陆相红层，南美大陆部分缺失下、中三叠统，侏罗、白垩纪和古新世时东部以碳酸盐岩和碎屑岩为主，西部出现深海浊积岩和基性火山岩。强烈的造山运动发生在晚白垩世早期。南美大陆的岩浆活动以前寒武纪和中、新生代为主，前者见于各地盾的基底，后者则集中在安第斯带中，占地表面积 15% 的是 100～15Ma 期间侵位的深成岩，从早白垩世晚期到新近纪岩浆活动几乎是连续的。

1.2　南美地层特征

南美洲大陆东部基底为变质结晶岩，最后变质的年龄为 2000Ma，基底岩系包括太古界和下部元古界。南美洲大陆东部地台区包括北部圭亚那地盾和南部的巴西地盾，中间为亚马逊盆地所隔，巴西南部则有巴拉那(Parana)盆地。圭亚那地盾包括圭亚那、哥伦比亚、巴西的一部分，盖层岩系为鲁拉伊马(Roranima)群，年龄约 2000～1700Ma。基底岩系最低层位见于委内瑞拉，称伊马塔卡(Imataca)群，由石英长石片麻岩与各种粒岩相变质成层岩系构成，含铁-锰沉积，存在混合岩化作用，并受到复杂的断裂变动改造。伊马塔卡群的最老变质年龄为 3200Ma。变质太古界的地层岩系以圭亚那的巴拉马(Barama)群和马扎鲁尼(Mazaruni)群为代表。前者原岩为含锰的泥质岩夹火山碎屑岩及砾质砂岩，后者整合上覆，为一火山岩群，由酸性熔岩、火山碎屑岩与基性侵入岩构成，切穿它的花岗岩年龄为 2600Ma，全套地层变质程度低，变形强烈形成同斜褶皱。巴西地盾上仅在北部出现巴索(Bacao)杂岩，为年龄在 2500Ma 以上的花岗闪长岩所侵入。

1.2.1　寒武系

南美地块西部安第斯地槽的大陆边缘部分在寒武纪有海侵，同时在秘鲁、玻利维亚以东沿亚马逊盆地由西向东海侵，这些地区有寒武纪海相地层；巴西部分地区可能存在陆相盆地沉积。目前，阿根廷西部寒武系较发育，下寒武统为灰岩，中寒武统为灰岩和页岩，上寒武统为页岩。

1.2.2　奥陶系

南美洲奥陶系差异大，阿根廷为浅水沉积，以碎屑岩、碳酸盐岩为主；智利为深水沉积，厚度较大，向东、向北厚度变薄，至委内瑞拉，下奥陶统直接超覆在前寒武纪地层之上。上奥陶统在阿根廷西北部和玻利维亚西部发现冰碛层。

1.2.3　志留系

南美洲地区的志留系主要分布在西部边缘、亚马逊河流域及巴拉圭等地。早志留世的海侵最大，不仅西部边缘安第斯地槽区被海侵淹没，而且沿亚马逊河流域向东海侵，形成一套碎屑复理石沉积；中志留世海退，至西部安第斯地槽区；晚志留世，安第斯地区缓慢上升，导致海退，普遍缺失上志留统。

1.2.4　泥盆系

南美洲中央的稳定地块——巴西地台上，下泥盆统系分布在亚马逊盆地及巴西东部，由海相砂岩、页岩和灰岩组成。巴西南部的巴拉那盆地，下泥盆统为砂岩、页岩，整合于志留系上，称为巴拉那群。巴西地台东北边缘中泥盆世曾出现冰川活动，冰川沉积和海相砾岩互层。地台西侧的安第斯地槽，发育较厚的海相碎屑岩夹一些陆相砂岩、页岩，下泥盆统分布范围广，中、上泥盆统分布局限。地台南端的马尔维纳斯群岛为活动区，泥盆系为碎屑岩，厚约 7000m，并有冰川沉积。

1.2.5　石炭系

南美洲地区的石炭系分布在西部和中南部，沉积类型变化较大。下石炭统分布范围小，海相地层出现在安第斯海槽的智利、哥伦比亚和阿根廷西部。泥盆纪阿根廷发生构造运动，使得该处早石炭世出现山岳冰川沉积，相似的冰川沉积还在玻利维亚南部和阿根廷北部出现。秘鲁、玻利维亚和巴西北部则有下石炭统陆相沉积。晚石炭世西部安第斯海侵范围扩大，北部委内瑞拉、哥伦比亚直到南部智利，沉积了大量的碎屑岩和灰岩，海水向东扩展至亚马逊流域，这一带因海进、海退频繁旋回，沉积了灰岩、碎屑岩和蒸发岩。阿根廷西部及巴拉那盆地广泛发育了上石炭统陆相碎屑岩和冰碛层。

1.2.6　二叠系

南美洲地台区的中南部巴拉那河流域，沉积了陆相地层，下二叠统为陆相含煤地层，上二叠统为含油的砂岩、页岩，夹海相灰岩，表明其南部边缘曾有小规模海侵。西部安第斯地槽区，早二叠世，海相灰岩广泛沉积，晚二叠世由于褶皱运动而海退，秘鲁和智利等地，沉积了陆相红层并广泛发育火山岩。

1.2.7　三叠系

南美洲三叠系分成两个部分，一部分是海相沉积，沿智利和阿根廷的西海岸分布，即安第斯地槽区。其下统系陆相的砾岩和砂岩，与二叠系往往连续沉积，可见当时无海侵，智利中部还夹有大陆火山喷发岩。中三叠世开始，地壳下降，海水海侵，形成厚层灰岩，分布于哥伦比亚、厄瓜多尔、秘鲁、玻利维亚一带，有火山活动，并持续到晚三叠世。另一部分三叠系是陆相沉积，分布于巴西、乌拉圭、巴拉圭及阿根廷大部分地区，主要为湖泊和沙漠环境形成的红层。

1.2.8　侏罗系

早、中侏罗世，南美洲安第斯发生海侵，主要在哥伦比亚西北部及厄瓜多尔、秘鲁的中西部。在此时期沉积了很厚的细碎屑岩及碳酸盐地层，并发生了多次沉积间断。表明地壳活动频繁，时有升降，海侵范围变动频繁。上述区域以东主要为陆相沉积及火山岩，即巴西巴拉那盆地的基性火山岩及风成砂岩，火山岩分布面积很广且厚度大，平均厚度达 600m。

中侏罗世之后，地壳运动显著，形成卡洛期沉积与中侏罗统及牛津阶的不整合面。晚侏罗世的沉积在西部以火山岩为主，往东逐渐变为页岩、砂岩、石膏及灰岩，东部边缘有砾岩。侏罗纪末发生了一次短期的海侵，委内瑞拉及阿根廷西南部均遭到海侵，形成砾岩及灰岩。

1.2.9　白垩系

晚侏罗－早白垩世，在巴西地盾西缘安第斯海槽地区发育浅海相地层，由于海侵不断加强可见早白垩世海相地层超覆于不同时代的老地层之上，最底部为沼泽、三角洲到滨海相碎屑沉积，含植物化石和煤层，巴西地盾西缘地带白垩纪时海侵海退更替比较频繁，沉积了一套巨厚的河流－三角洲相、湖积相和滨海相地层。白垩纪晚期海侵进一步向地盾方向扩大，前缘地带仍以碎屑岩为主。

南美洲东海岸只有个别小海湾有短期海侵，多形成三角洲－滨海相的碎屑沉积。巴西内地，如亚马逊河流和托坎廷斯河一带以及南部的几个内陆盆地，分布广泛的河流相、洪积相、三角洲相和淡水湖泊相沉积，多以碎屑岩为主。乌拉圭和阿根廷南部也有类似的晚白垩世的内陆盆地碎屑沉积。

在安第斯海槽北部的厄瓜多尔和哥伦比亚，早白垩世有广泛的火山活动，玻利维亚和智利大部分出露于海面，分布有火山丘。晚白垩世，随着强烈的造山运动及巨大的岩浆侵入，标志着安第斯－科迪勒拉褶皱山系开始形成。这次构造运动事件使阿根廷西部和智利的安第斯地槽及秘鲁中西部，厄瓜多尔和哥伦比亚中西部的地槽主体变形，秘鲁－委内瑞拉之间的主体山系两侧形成两条近于平行的海槽。中间隆起地区在白垩纪晚期继续遭受强烈的构造运动影响，褶皱和断裂活动复杂而普遍。

1.2.10 古近系

南美洲板块西缘的安第斯地槽在古近纪经历了多次褶皱与火山活动。这一时期地槽持续上升，海侵面积比白垩纪末更为局限。古新世的海相沉积仅沿南美洲最西边的狭长海岸地带发育。始新世中期和渐新世中期发生广泛的褶皱运动与火山活动，并有花岗岩侵入。中新世又连续发生褶皱和断裂，中期表现特别强烈，是安第斯造山运动的主要阶段。经过风化剥蚀，安第斯上新世变得比较低平，上新世晚期又重新发生褶皱、断裂、上升，形成安第斯山脉。古近纪南美洲大陆上的陆表海仅分布于边缘地带，始新世时海水沿安第斯低洼地带侵入，并在其东面形成一个浅的陆表海盆。大陆内部主要为陆相碎屑沉积，碎屑物来源于安第斯山脉的剥蚀，亚马逊盆地是一个主要沉积场所。

1.2.11 新近系

新近纪期间地球发生了巨大而复杂的变化，诸如气候冷暖的波动、冰期的多次出现、海平面的频繁升降而导致的几次海侵与海退。南半球诸大陆上更新世冰川活动的遗迹也很明显。南美洲，从安第斯山到巴塔哥尼亚山有多次冰川作用的痕迹，冰川沉积物向西延伸到海平面附近，向东进入阿根廷的南美大草原。

1.3 构造演化史及含油气盆地的形成与演化

南美洲板块的演化史与全球板块的演化紧密相关，如：大西洋大陆、尼娜大陆（北欧－南美超级大陆）、罗迪尼亚、冈瓦纳/潘诺西亚和盘古大陆的拼合和解体对南美板块都产生了重要影响。南美洲现存的古元古代和中元古代盆地中的古老地层可以阐释南美洲板块的构造演化。

1.3.1 新太古代

35 亿年前，众多微板块开始拼合，至 27.5 亿年前巴伊亚热基耶旋回或米拉斯基拉斯（Rio de Velhas）事件形成最大的地块。板块相互作用早期，沉积盆地形成的构造环境为弧前、弧后和后造山运动塌陷盆地，现今都已经演化为变质程度较低的绿岩带。大多数古老盆地的基底变形强烈且地质年龄都大于沉积盖层。

1.3.2　古元古代

超级大陆拼合(如大西洋超级大陆)在南美洲板块表现为新太古代微板块快速接合及沉积盆地的形成。此类盆地形成的构造环境多变,有被动边缘前陆、裂谷、陆内台坳以及地幔柱上升或者拉分盆地形成的裂谷。盆地构造变形比较强烈,构造变形方式多样,主要与增生、碰撞和扭压造山运动相伴生。增生、碰撞和扭压造山是古元古代末期大陆拼合的主要方式,最终形成了由南美和非洲大陆组成的大西洋超级大陆(Rogers,1996)。

1.3.3　中元古代和新元古代

南美洲中元古代至新元古代演化可以分成以下几个阶段。

1. 固结纪地裂运动(Pre-Nena,大西洋解体)

固结纪地裂运动发生在大西洋解体之后,尼娜大陆形成之前,时间大约介于1.8~1.6Ga,大部分中元古代盆地即形成于这个时期(Magini et al.,1999)。固结纪张性活动非常明显,表现为岩浆作用强烈,镁质侵入岩分布于北委内瑞拉并向南延伸至北乌拉圭和阿根廷,向西经大西洋沿岸延伸至玻利维亚,主要由镁质-超镁质非造山花岗深成岩和火山岩组成。

虽然大部分地区处于拉张环境,但是亚马逊古陆中罗赖马期形成的盆地存在一些变形。固结纪运动对亚马逊古陆、巴伊亚、米拉斯基拉斯(Minas Gerais)、波尔波雷玛(Borborema)省、南美洲其他地区以及非洲和北美等地区的成盆构造产生重要影响。巴西利亚构造活动带内部的固结纪及稍微年轻的地层于中元古代和新元古代发生褶皱。

固结纪拉张期,里奥内格罗茹鲁埃纳构造活动带(阿尔托塔巴若斯盆地向西)、饶鲁地区(马东格罗索、亚马逊古陆南西部)以及其他地区可能发生增生造山运动。埃斯皮尼亚苏山系(塞鲁、米纳斯戈亚斯)一些铁镁质岩石可能是固结纪时期的残余洋壳。

2. 后Nena中元古代盆地

中元古代盆地的下部和中部地层信息较少,主要是内克拉通碎屑岩,局部为火山碎屑岩。南美中东部,主要分布于固结纪裂谷内以及巴伊亚和米拉斯基拉斯地区,局部在裂谷内延伸形成地槽

裂谷阶段之后,罗迪尼亚形成一个大陆边缘,在1.15~1.0Ga由拉张变为压扭形成瓜波雷褶皱带,发育被侵入岩切断的中深变质岩。

3. 后罗迪尼亚帕尔梅拉斯阶段

罗迪尼亚的解体控制了广泛分布的新元古代沉积物和火山沉积,许多地区转变成构造活动带。南美洲(1.1~0.63Ga)可以划分为三个阶段。第一个阶段是拉伸纪初期

(1050~900Ma)，主要表现为亚马逊、巴西中东部和大西洋沿岸基性岩浆作用。亚马逊西部表现为花岗质和碱性非造山岩浆作用。第二个阶段是新元古代中期(800~700Ma)，南美洲普遍存在的地裂运动，大型陆盆和海盆的形成标志着地裂运动的结束。早期发生了全球性图特冰川事件，同时局部地区发生汇聚，如巴西南部岛弧的形成以及巴西中东部的碰撞造山。罗迪尼亚解体是第三阶段(640~620Ma)，表现为巴西利亚/泛非造山运动及南美洲大部分地区的岩浆岛弧和碰撞带的形成。这一过程表明罗迪尼亚超级大陆的解体与另外一个大陆(冈瓦纳/潘诺西亚)拼合期相叠(Boggiani，1997)。

4. 前冈瓦纳-潘诺西亚阶段

岩浆岩的特征可以识别罗迪尼亚解体期间地裂运动的第一个阶段(拉伸纪)。巴西利亚远端盆地岩浆岛弧和大洋地层记录很少，主要是海底玄武岩、洋中脊火山岩和增生棱柱体。南美巴西利亚构造区大洋岩石碎片全区都有出露，但是没有发现完整的蛇绿岩套。岩浆岛弧开始于930Ma，一直持续到新元古代和寒武纪。

新元古代变形对大洋盆地的关闭和全球古地形起主导作用，这种变形在冈瓦纳-潘诺西亚增生过程中达到高峰。巴西利亚完全拼合后，南美洲分成两个区域：一是前巴西利亚构造区，主要位于南美北部和北东部以及安第斯一带；二是大陆东部的4个巴西利亚构造区。巴西利亚地质构造运动强烈并且广泛(影响褶皱带和基底)，以至于难以区分构造运动前后的地质体。

5. 晚巴西利亚过渡阶段

晚巴西利亚时期，南美洲自北部至南部的乌拉圭发生了广泛的成盆构造作用。巴西利亚构造带内部存在继承盆地和过渡环境。新元古代板块周缘形成前陆和内陆盆地，而内部是撞击盆地和陆内走滑盆地。虽然构造环境不同，但晚巴西利亚时期形成的盆地具有类似的沉积和岩石结构。大多数盆地保存下来的地层比原始沉积厚度小得多。

盆地形成于造山运动的不同时期，沉积的地层自新元古代(650Ma)至奥陶纪(480Ma)，大部地层年龄集中于元古代—寒武纪。成盆构造主要是南美拉张事件。例如沿着亚马逊地槽轴部发育铁镁质、超铁镁质岩浆，亚马逊中南部和圣弗朗西斯科(Sao Francisco)克拉通北部发育镁铁质岩脉群，以及长英质岩墙、热液岩脉和伟晶花岗岩。

过渡阶段许多盆地伴生平移断层，表明存在构造逃逸事件。巴西南部的一些盆地(Guaratubinaba、坎波斯、阿莱格里和Corupa)发育杂色粗粒碎屑岩和长石质火山岩并与晚期造山运动的碱性侵入体相伴生。

590Ma，自桑塔卡塔里娜至圣保罗沿着马尔山分布的沉积岩、火山岩和深成岩共生体，是巴西利亚地体与巴西南东的岛弧发生微碰撞的产物(Basei et al.，1998)。碰撞构造活动带周缘其他盆地，比如巴西南部卡斯托(巴拉那)和卡马匡(南里奥格兰德)属前渊盆地，但也有人认为是裂谷作用形成的盆地。

1.3.4 早古生代（寒武纪—志留纪，540～415Ma）

自850Ma开始，一直持续到晚寒武世末期（490Ma），罗迪尼亚解体的同时，冈瓦纳大陆则通过持续的碰撞增生在泛非褶皱带上形成当时最大的大陆，南美位于冈瓦纳大陆的西部。这个时期地壳的重要构造事件是劳伦西亚（Laurentia，北美）、波罗地（Baltica，北欧）的漂移、碰撞和巨神海关闭。冈瓦纳大陆向北漂移，中央地台较稳定，其边缘存在活动的地槽带，例如科迪勒拉地槽系。南美的地盾区则为稳定的隆起区，但时常有海水侵入内部的沉降区，如亚马逊，马腊尼昂等盆地。加里东运动曾使科迪勒拉短暂隆起并发生侵蚀。

前寒武纪末期至早寒武世，一个巨大的沉积盆地形成，自南玻利维亚延伸至中阿根廷，沉积了浊积岩和零星分散的灰岩。晚寒武世前期，主要受潘佩阿纳斯造山运动影响，阿根廷北西部发生强烈的褶皱。中寒武世—志留纪期间，发生了变质变形作用，岩浆活动伴生。

前科迪勒拉地体，又称圭亚那，其起源学者争议较大。早寒武世—奥陶纪，发育碳酸盐岩台地，但存在几个小的不整合面，被志留系和泥盆系覆盖。潘佩阿纳斯的构造变形不明显，属于被动大陆边缘，认为是从劳伦分离出来的地块，中奥陶世发生碰撞（Vaughan and Pankhurst，2008）。在前科迪勒拉东部有中奥陶世变质作用的证据。但Aceñolaza等（2002）认为前科迪勒拉起源于西冈瓦纳的另外一部分，奥陶纪沿着边缘发生大规模的走滑运动。

塞拉斯潘佩阿纳斯是另外一次大陆增生事件的产物，构造带由混合片麻岩、低变质程度的变质沉积物、花岗岩和准基性岩组成，早-中寒武世发生造山变形、变质和重熔作用。古生代早期演化历史与东边古太古代拉普拉塔克拉通以及前科迪勒拉被动边缘灰岩层序不符合，表明它是个外来地质体。

古生代，安第斯造山运动频发，甚至重叠，时间从中寒武世—二叠纪，甚至到三叠纪，空间上自巴西地盾至古太平洋。

1.3.5 晚古生代（泥盆纪—二叠纪，415～250Ma）

全球板块运动过程中，北半球板块之间的碰撞、拼合，最终与冈瓦纳大陆相连，至二叠纪末形成一个新的联合大陆——盘古大陆。晚古生代，冈瓦纳大陆规模达到最大，包括了澳大利亚、印度、南极、南非部分地区和南美南部部分地区。冈瓦纳大陆的西缘（南美洲）发育晚古生代盆地群。

冈瓦纳大陆一般仅在边缘发生海侵，内部大部分地区为隆起剥蚀区。科迪勒拉地槽系中部曾发生褶皱隆起和岩浆岩侵入活动，海水向西退出。其南端的乌拉圭以南部分硬化，墨西哥湾一带的阿马巴拉契来地槽则完全硬化。二叠纪末，冈瓦纳大陆内部发生显著的差异升降，形成一系列坳陷盆地，断裂发育，预示着冈瓦纳大陆的漂移、解体即将来临。晚二叠世，阿根廷布宜诺斯省的贝塔纳寒武系—二叠系发生褶皱和逆冲。

1.3.6　中生代(三叠纪—白垩纪，250~65Ma)

中生代地壳运动主要表现为古生代晚期形成的联合大陆的解体和现今诸大陆、大洋位置的奠定。初期南美大部分地区接受侵蚀和陆相沉积。侏罗纪中期盘古大陆开始分裂，白垩纪早期南美与非洲开始分离，晚白垩世两者距离逐渐扩大，墨西哥湾和加勒比海开始下沉，南美大部地区被海水淹没，科迪勒拉和大小安的列斯岛成为深海槽。白垩纪末，拉腊米运动使整个科迪勒拉地槽系褶皱隆起，岩浆侵入和火山喷发，大安的列斯海槽也受到影响，形成一些火山小岛。太平洋板块不断向周围大陆挤压、俯冲、碰撞，导致南美洲安第斯地槽主体褶皱隆升成山。

二叠纪—三叠纪发生诺利期海侵，地台地区沉积了陆相红层，早西涅缪尔斯和早托尔期，产生新的海侵。拉张构造活动向南迁移，秘鲁南部发生沉降。在此时期岩浆活动主要在哥伦比亚和秘鲁南部。哥伦比亚的侵入岩与拉张或走滑有关，而秘鲁南部侵入体侵入与俯冲火山岩有关。

晚三叠世—晚侏罗世，特提斯裂谷作用控制着南美北部的演化。早-中侏罗世，裂谷作用使加勒比成为复杂左旋转换带。中大西洋打开时，南美和北美分离。特提斯洋沿着哥伦比亚地块打开使北美洲向北西运动。特提斯洋中脊向南西延伸至古太平洋地区，分隔法拉龙大洋板块和菲尼克斯大洋板块。因此哥伦比亚裂谷扩张开始之前，哥伦比亚并未发生俯冲。晚三叠世—早侏罗世(180Ma)，西冈瓦纳边缘的特提斯洋处于裂谷阶段，引起加勒比地区拉张。在托尔期(183Ma)，哥伦比亚发生钙碱性岛弧岩浆侵位事件，主峰期为阿连期(176Ma)和巴柔期(166Ma)。岩浆活动与新生的特提斯地壳(即哥伦比大洋分支)俯冲有关。基末利期—提塘期南美洲边缘地球动力环境发生明显变化。中大西洋扩张速度显著降低，南大西洋于晚牛津期—早提塘期打开。

1.3.7　新生代(65~0Ma)

南美洲板块西缘的安第斯地槽自白垩纪开始褶皱上升，海岸变窄，古近纪由于太平洋板块持续向南美洲大陆板块俯冲，褶皱和火山事件贯穿始终。海槽分布于中美和南美太平洋沿岸以及安的列斯群岛一带，墨西哥湾和加勒比海成为小洋盆。海盆周围及大西洋一带为浅海环境。中新世末期的安第斯运动使整个科迪勒拉地槽体系褶皱隆升成山。

1. 南美大西洋被动边缘

大西洋并非同时打开的，南部最先开始，逐渐向北扩张(Rabinowitz and LaBreque，1979；Jacques，2003)。南大西洋南部在晚三叠世—早侏罗世(220~200Ma)开始裂谷，在中侏罗世沿着阿根廷南部边缘裂谷，在晚侏罗世—早白垩世(140~132Ma)到达巴西东南部边缘。最初分离方向是 E-W，逐渐变为 NE-SW。北部分离速度慢，大概经过 40Ma才彻底分离，而南部分离速度快，出现厚层玄武岩，向海洋方向倾斜，楔状，厚度可达15km(Talwani and Abreu，2000)。南部边缘在晚侏罗世—早白垩世，强烈拉张，形成许多近于垂直边缘的地堑。南北分离速度不一样主要是因为两者的构造域不同引起的，北部横推地壳线性构造，中部主要是阿普特盐岩省，发育厚层蒸发岩。在坎波斯和桑托斯盆地盐岩变形强烈，控制阿普特期以后沉积(Jacques，2003)。

2. 安第斯构造带

安第斯断层体系长度超过 5000km，宽度从 50km 到 700km。在玻利维亚中安第斯山，科迪勒拉最宽处达到 700km。东科迪勒拉、马格达莱纳和阿根廷圣巴巴拉厚皮构造发育，缩短量为 20%～35%。圣地亚歌和瓦亚加、玻利瓦尔和阿根廷北端、阿根廷前科迪勒拉、麦哲伦盆地薄皮构造发育，缩短量为 40%～70%(Jacques，2004)。安第斯演化开始于晚三叠世。安第斯造山运动开始于阿尔步期，持续到晚中新世。

南美安第斯中部(15°S～25°S)特殊的地形和构造被称为玻利瓦尔弧形造山带，北安第斯山发育大规模的左旋走滑，南部安第斯山发育右旋走滑。有学者认为是纳兹卡板块向南美斜向俯冲，导致北安第斯发生逆时针旋转，而南安第斯发生顺时针旋转；但还有一些学者认为是受控于俯冲区边界正应力、岩石圈黏度和浮力效应，三者沿中安第斯走向梯度变化共同作用形成的。

3. 南美洲板块北部中新生代演化史

中生代以来，南美洲板块北部构造主要与南美、加勒比和太平洋板块相互作用有密切关系，演化分为两个阶段：①中生代裂谷和被动大陆边缘阶段；②新生代加勒比板块扭压由西向东沿着北部边缘运动阶段。

侏罗纪早期，北美洲、墨西哥、尤卡坦、古巴和南非部分地区都属于同一个联合大陆，佛罗里达南端和北委内瑞拉位于联合大陆的最南端。侏罗纪期间，沿着太平洋边缘发生长期裂谷作用，包括墨西哥大部和现在的哥伦比亚和委内瑞拉的安第斯北部地区。东部，早期裂谷作用引起海底扩张，最终导致北大西洋的打开以及南西方向古加勒比海的形成。北美洲和南美洲陆块之间新生板块边界发育海盆。112Ma 南大西洋打开，非洲板块开始从南美洲分离，形成很多浅的夭折裂谷，延伸方向与新板块边界呈高度夹角，包括埃斯皮诺地堑。西部的古加勒比海盆沿着法拉龙板块的俯冲持续至晚白垩世末期并形成火山弧而终结，此时加勒比板块开始向太平洋板块运动。这个时期，南美洲北部为被动边缘，发育优质烃源岩。

加勒比板块初期向北东运动，但在始新世与古巴碰撞，运动方向改变为向东，这对现在南美洲北部大陆产生了深远影响。加勒比俯冲带挠曲前缘使马拉开波地区沉降，接受沉积。由于加勒比板块向东运动，逆冲作用使拉腊推覆体和库拉推覆体发生仰冲。加勒比板块向东的运动持续至新近纪，为东委内瑞拉主成盆期，受加勒比板块向东运动的控制，沿着委内瑞拉北部边缘的盆地由西向东逐渐沉降。

早中新世，南美洲的西北部沿着主断层开始解体。此前，加勒比-南美板块边界相对很窄，可能靠近南美洲陆-洋壳边界。早中新世，边界变得模糊不清，包括大部分侏罗纪裂谷期产生的陆壳，称为"博内尔地块"。博内尔地块受到右旋扭压应力控制的变形持续至今，终止于东面的特立尼达。北东向右旋走滑运动分量主要是受 NE 向运动的可可斯板块控制。

中新世末期,可可斯-纳兹卡板块边界相对南美洲的运动方式发生改变,只有纳兹卡板块向博内尔地块俯冲,导致沿着委内瑞拉安第斯早期走滑边界断层产生向东挤压的应力,应力沿着断层区域分配。向东的挤压应力导致现今的安第斯隆升并向东提供大量的沉积物源,向东一直延伸到深水区域。马拉开波盆地由于周围梅里达和里哈山脉隆升载荷挠曲重新沉降接受沉积。博内尔地块南部边缘是现今委内瑞拉北部的活动构造边界。博内尔地块逆掩推覆于加勒比板块和北面的马来开波湖,委内瑞拉东北部沿着扭压板块边界向加勒比俯冲。

4. 南美洲板块中南部中新生代演化史

南美洲大陆中南部紧邻纳兹卡、南极洲和斯科舍板块。纳兹卡和南极洲板块向南美洲板块俯冲,两者速率和方向不同:纳兹卡板块运动方向为75°E,速率为80mm/年,南极洲板块运动方向为90°E,速率为20mm/年(Minster and Jordan,1978;Pardo-Casas and Molnar,1987;Gripp and Gordon,1990)。南美洲和斯科舍板块边界是横推断层和左旋走滑断层,南极洲与斯科舍板块边界为左旋走滑 Shackleton 断层带。南美洲中南部褶皱、逆冲断层、走滑断层、裂谷构造比较发育,其演化可分为四个阶段:

1)古生代挤压和增生阶段

古生代,南美洲部分大陆、南非和南极洲板块同属于冈瓦纳大陆。巴塔哥尼亚(Patagoinan)科迪勒、巴塔哥尼亚北东、科迪勒拉达尔文(Darwin)、福克兰岛和南非残留零星的古生界和前寒武系地层,推测麦哲伦盆地基底也为古生界。晚古生代普遍发育褶皱,地壳缩短并在基底产生明显的 N-S 或 NW-SE 构造。同时各种飘移体与冈瓦纳太平洋边缘碰撞增生(Ramos,1989;Kraemer,1993;Coutand et al.,1999;Dalziel and Elliot,1973;Diraison et al.,2000)。

2)三叠纪—早白垩世裂谷作用阶段

早三叠世,冈瓦纳西南角隆升剥蚀地壳减薄,NNW 走向裂谷盆地形成与古生代构造走向平行(Dalziel,1981;Urien et al.,1995)。晚侏罗世,地壳部分重熔伴随裂谷作用发生富硅质火山活动。晚侏罗世—早白垩世,富硅质火山活动减弱,而富镁质火山活动增强,在南美洲中南部边缘形成罗卡斯贝尔德斯弧后盆地,底部广泛发育洋壳,现今蛇绿杂岩出露地表。与此同时,裂谷作用逐渐向北迁移,导致大西洋的打开。麦哲伦盆地侏罗纪张性断层走向为 NNW。

3)晚白垩世构造反转、地壳增厚和走滑运动阶段

安第斯南端挤压作用始于阿尔步期(约100Ma),可能是由于大西洋打开导致板块汇聚速度改变所引起(Dalziel et al.,1974)。罗卡斯贝尔德斯弧后盆地关闭,发生反转,接着发生科迪勒拉隆升。晚白垩世,科迪勒拉达尔文隆升以及冷却。南美洲和大洋洲相对运动期间,倾向 NE 的逆冲断层和左旋走滑作用导致隆升。走滑控制巴塔哥尼亚造山系的演化(Cunningham et al.,1991)。科迪勒拉达尔文古地层和巴塔哥尼亚深成岩研究成果表明自从早白垩世以后发生了90°逆时针旋转(Dalziel et al.,1973;Burns et al,1980;Cunningham et al.,1991),准确的时间点尚需进一步确认,但大部分旋转量发生在古近

纪，巴塔哥尼亚造山是渐进形成的。

麦哲伦盆地，阿尔步期—赛诺曼期沉积了粗粒碎屑岩。此后，麦哲伦盆地演化成典型前陆盆地，发育褶皱逆冲带(Ramos，1989)。

4)新生代地壳增厚、走滑和裂谷阶段

新生代大部分时间内，纳兹卡板块和南美洲板块汇聚方向稳定，为75°E(Minster and Jordan，1978；Pardo-Cacas and Molnar，1987；Gripp and Gordon，1990)。两次运动使南美洲板块构造复杂化。

(1)30Ma，南美洲与大洋洲的Drake的通道打开，斯科舍板块形成。

(2)14Ma，智利洋中脊分隔纳兹卡和大洋洲板块，并与南美洲板块碰撞，倾斜俯冲于南美洲板块之下，导致三联点向北移动，从56°S移动到现在的47°30′S，靠近火地岛(Thorkelson，1996；Gorring et al.，1997)。

古新世，科迪勒拉地壳持续增厚。麦哲伦盆地中心轴沉积厚达5000m的同构造地层。古近纪发生了一次安第斯岩浆活动和海退(Ortiz-Jaureguizar and Cladera，2006)，古新统和始新统之间存在一个区域不整合。晚始新世，玻利维亚和秘鲁安第斯盆地以及智利南部和阿根廷发生一次构造变形。安第斯南部重新复活，并伴随海退。中新世早期，Patagonia中南部及现今的Magellan Strait地区爆发一次火山活动。上新世前，逆冲褶皱带持续向盆地方向迁移。南美中南端，左旋走滑运动贯穿整个新生代，古近纪以扭压为主，新近纪以扭张为主(Cunningham，1995；Klepeis and Austin，1997)。

1.4　盆地类型划分

盆地分类是一个复杂的系统工程，不仅是油气资源评价的基础，也是勘探选区的重要依据。国内外盆地分类方案有十几种，不同的分类方案侧重点不同，因此不同的学者可以根据其研究需要选取不同的盆地分类的基本参数和原则。

本书采取Busby和Ingersoll(1995)的盆地分类方案，该盆地分类方案强调的是沉积盆地的板块构造模式和控制盆地形成、演化的板块构造环境因素。根据上述因素将盆地分成五大类，即离散环境、板内环境、聚敛环境、转换环境和混合环境，又细分26种盆地。南美洲发育多种类型的沉积盆地。根据Basby和Ingersoll盆地分类方案，本书把南美盆地分成以下五大类(如图1-1所示)：

(1)大西洋被动边缘盆地，分布于南美洲东缘，大西洋西岸。

(2)克拉通内盆地，分布于南美东部南美高原。

(3)弧后、前陆盆地，分布于安第斯山东侧，南美高原西侧。

(4)弧前、弧间盆地，分布于安第斯山西侧，太平洋东岸。

(5)扭压盆地(拉分盆地)，分布于南美北部加勒比海、南美南端以及桑托斯和巴拉那盆地之间。

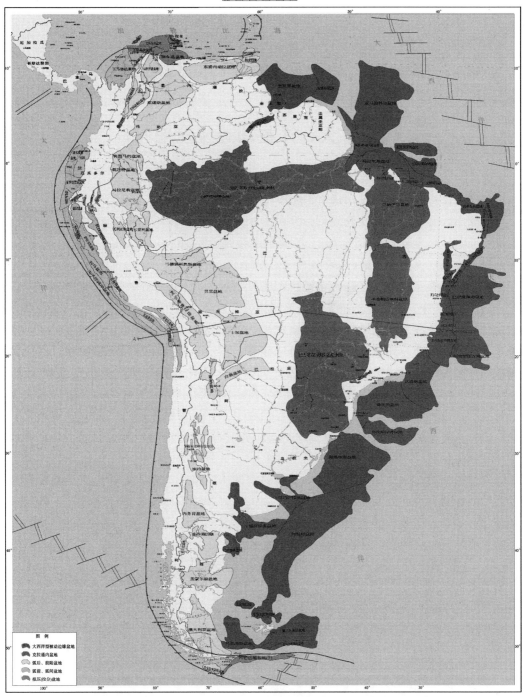

A-A'地质剖面图

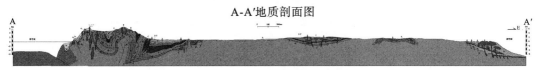

图 1-1　南美沉积盆地类型及含油气盆地分布图

第 2 章　南美含油气盆地的基本特征

2.1　大西洋被动边缘盆地

大西洋被动边缘盆地在南美有 35 个，北起苏里南，沿巴西、乌拉圭、阿根廷直到福克兰群岛大西洋边缘都有分布，是南美洲重要的含油气盆地类型。

从北到南，各盆地的勘探开发程度不一（如图 2-1 所示）。2007 年产油气盆地 9 个，其中坎波斯盆地是主要的产油气盆地；发现的储量则主要集中在大坎波斯地区的坎波斯、桑托斯以及埃斯皮里图等盆地（如表 2-1、2-2 所示）。

南美被动陆缘盆地与西非被动陆缘盆地基本对应，以泛非期褶皱带（新元古宙—早古生代）为基底。晚侏罗世，受到特里斯坦地幔柱隆升影响，南美洲和非洲围绕一固定点分别向两侧呈扇形分开。两侧发育共轭边缘盆地，以转换断层连接该类型盆地都是在早期裂谷基础上演化而来，其演化大致可以分成裂谷前克拉通阶段、陆内裂谷阶段、过渡阶段和被动大陆边缘阶段。它们伴随着大西洋的打开而演化。克拉通阶段主要发育河流、湖泊相沉积；陆内裂谷阶段形成地堑（半地堑）和地垒（半地垒），发育陆相碎屑岩和火山岩；过渡阶段也称蒸发岩阶段，在中段发育蒸发岩系，局部厚度超过 2000m；被动大陆边缘阶段发育开阔海相沉积（Steven and John，2006）。盐岩运动，产生穿窿、刺穿等盐岩构造及伴生构造，对油气产生破坏和建设作用。

分段性是南美与西非被动大陆边缘盆地典型的构造特征。火山海岭、火山链是南大西洋被动陆缘最直观的分段性特征。以喀麦隆火山岩和鲸鱼海岭为界分为三段，各段盆地在演化和地层、构造特征上有相似性，其中：中段盆地盐层发育；北段以泥岩为主；南段缺乏盐岩层，且为火山性被动大陆边缘盆地。

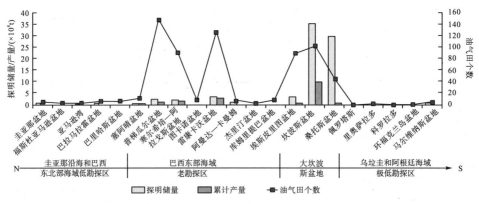

图 2-1　南美被动大陆边缘盆地勘探程度及油气储产量分布（至 2007 年底）

表 2-1　南美主要大油气田一览表

国家	油气田名称	油（或）气	最终储量			
			油/MMbo	气/Tcf	凝析油/MMbo	油当量/MMboe
阿根廷	Ara-Canadon Alfa	气	116	2.5	—	533
	Carina	气	—	3	—	500
	Comodoro Rivadavia	油	3244	—	—	3244
	Loma de la Lata	气	—	8.7	208	1658
	Ramos	气	—	3	54	500
	San Pedrito	气	—	5	235	1068
玻利维亚	Itau and San Alberto	气	2493	14	160	4987
	Margarita	气	1216	6.5	141	2432
巴西	Jubarte（block BC-60）	油	600	—	—	600
	1-RJS-539	油	650	—	—	650
	Albacora	油	676	0.4	—	750
	Albacora East	油	700	0.7	—	818
	Barracuda	油	1200	—	—	1200
	Guaricema	气	—	4.3	—	715
	Marlim	油	2430	2.2	—	2800
	Marlim Sul	油	1289	1.1	—	1471
	Miranga	油	590	—	—	590
	Riachuelo	气	—	6.4	—	1065
	Roncador	油	3200	—	—	3200
哥伦比亚	Cano Limon	油	1066	—	—	1066
	Chuchupa（Abilena，Riohacha）	气	—	3.5	—	583
	Cupiagua	油	487	1.4	—	728
	Cusiana	油	1445	3.1	—	1961
	Infantas-La Cira	油	500	—	—	500
	Opon	气	—	4	—	667
	Volcanera	气	—	5	250	1083
厄瓜多尔	Sacha	油	650	—	—	650
	Shushufindi-Aguarico	油	586	0.3	—	644
秘鲁	La Brea（Parinas Talara）	油	1000	15	—	3500
	Pagoreni1X（75-29-1X）（Camisea Area）	气	—	4	180	667
	Cashiriari（Camisea Area）	气	—	8	495	1828
	San Martin（Camisea Area）	气	—	3.3	215	765

国家	油气田名称	油（或）气	最终储量			
			油/MMbo	气/Tcf	凝析油/MMbo	油当量/MMboe
委内瑞拉	Bachaquero（Bolivar Coastal Complex）	油	8989	—	—	8989
	Boscan	油	1565	—	—	1565
	Cabinas（Bolivar Coastal Complex）	油	500	—	—	500
	Carito	气	3987	10.9	—	5808
	Centro	油	1000	—	—	1000
	Cerro Negro Area	油	512	0.1	—	521
	Dacion	油	660	—	—	660
	Furrial-Musipan	气	2738	4.8	—	3542
	Guara East	油	630	—	—	630
	Hamaca Area	油	5408	—	—	5408
	La Paz	油	900	—	—	900
	Lago	油	632	—	—	632
	Lagunillas（Bolivar Coastal Complex）	油	6393	—	—	6393
	Lama（Bolivar Coastal Complex）	油	710	—	—	710
	Lamar	油	1500	—	—	1500
	Mara	油	1500	—	—	1500
	Mata（Pirital，Jusepin，Mulata，Muri，Tacat）	气	250	2	—	583
	Mejillones	气	—	3	—	500
	Mene Grande	油	700	—	—	700
	Nipa	油	580	—	—	580
	Oficina（Fria，Guico）	油	960	—	—	960
	Patao	气	—	10	—	1667
	Quiriquire	气	335	3	—	828
	Santa Barbara	气	692	10.1	—	2378
	Santa Rosa	气	291	1.5	—	545
	Tia Juana（Bolivar Coastal Complex）	油	13390	—	—	13390
	Urdaneta	油	1000	—	—	1000
	Yucal-Placer	气	—	4.4	—	726

表 2-2　南美大西洋被动边缘盆地分布特征统计表

盆地英文名称	盆地中文名称	所属国家	盆地面积/（×10⁴km²）	油气状态
Almada Camamu Basin	阿尔马达卡马穆盆地	巴西	1.5	油气发现
Amazon Cone	亚马逊科恩盆地	巴西	10.0	油气发现
Barreirinhas Basin	巴瑞哈斯盆地	巴西	3.8	油气发现
Campos Basin	坎波斯盆地	巴西	5.5	商业性油气生产
Colorado Basin	科罗拉多盆地	阿根廷	21.5	商业性油气生产
Cumuruxatiba Basin	库穆鲁沙蒂巴盆地	巴西	1.9	商业性油气生产

续表

盆地英文名称	盆地中文名称	所属国家	盆地面积 / （×10⁴km²）	油气状态
Espirito Santo Basin	圣埃斯皮里图盆地	巴西	10.4	商业性油气生产
Foz do Amazonas Basin	福斯—杜—亚马逊盆地	巴西	14.7	商业性油气生产
Guyana Basin	圭亚那盆地	圭亚那、苏里南	22.8	商业性油气生产
Jequitinhonha Basin	荷昆丁霍纳河盆地	巴西	2.9	油气发现
North Falkland Basin（North Malvinas）	北福克兰盆地	阿根廷	5.6	油气发现
Para Maranhao Basin	马拉尼昂盆地	巴西	14.6	商业性油气生产
Pelotas Basin	佩洛塔斯盆地	巴西	61.9	商业性油气生产
Piaui Ceara Basin	皮奥伊塞阿拉盆地	巴西	6.5	油气发现
Potiguar Basin	波蒂瓜尔盆地	巴西	5.9	油气发现
Reconcavo Basin	雷康卡沃盆地	巴西	1.0	油气发现
Rio Salodo Basin	里约萨拉多盆地	阿根廷	23.0	—
Santos Basin	桑托斯盆地盆地	巴西	>30.0	—
Sergipe Alagoas Basin	赛尔希培阿拉戈斯盆地	巴西	15.4	商业性油气生产
Tucano Basin	吐卡诺盆地	巴西	3.5	油气发现
Abrolhos Deep Sea Basin	阿布罗斯盆地	巴西	10.3	—
Argentina Basin	阿根廷盆地盆地	巴西	54.0	—
Bahia Deep Sea Basin	巴伊亚深海盆地	巴西	23.3	—
Barreirinhas Ceara Deep Sea Basin	巴雷里尼亚斯塞阿拉盆地	巴西	—	—
Braganca-Viseu Basin	布拉干萨—维塞乌盆地	巴西	0.7	—
Demerara Plateau Basin	德梅拉拉高原盆地	阿根廷	9.1	—
East Malvinas Sub-Basin	东马尔维纳斯盆地	阿根廷	—	—
Falkland Plateau Basin	福克兰高原盆地	阿根廷	14.8	—
Jucipe Basin	胡塞卑盆地	智利	—	—
Paraiba-Pernambuco Basin	帕拉伊巴—伯南布哥盆地	巴西	3.3	—
Pernambuco Deep Sea Basin	伯南布哥盆地	巴西	46.9	—
San Julian Basin	圣朱利安盆地	阿根廷	2.0	—
Sao Paulo Deep Sea Basin	圣保罗深海盆地	巴西	8.6	—
Santos Deep Sea Basin	桑托斯深海盆地盆地	巴西	12.4	—
Valdes Basin	巴尔德斯盆地	阿根廷	5.7	—

　　裂解模式控制了大陆架的宽窄，从而决定了盐层的宽度以及烃源岩等的分布。桑托斯盆地，坎波斯盆地都属于宽大陆架，油气勘探潜力大。圣埃斯皮里图盆地受到火山活动以及沉积厚度影响，油气前景次之。

　　中段盐盆地中，以盐层为界，分为盐上和盐下两个系统，新勘探成果表明，盐岩层抑制了盐下储层成岩作用以及烃源岩的成熟。在走向上，按照盐岩构造样式，分为伸展区，挤压区。伸展区发育大量的盐窗，盐下油气可运移至盐上；挤压区盐岩层厚，油气主要集中在盐下。

　　南美大西洋被动边缘盆地油气地质特征（如表 2-3 所示）如下：

表 2-3　南美大西洋被动边缘盆地地质特征对比

盆地	构造主要特征及演化	主要烃源岩	主要储集层	盖层	圈闭	油气丰度 /(boe/km²)	地质储量 /MMboe	勘探程度	勘探潜力
圭亚那	中晚侏罗世开始裂谷，土仑期海底扩张，此后冷却沉降，发育海退沉积层序；正断层发育	赛诺曼阶深海泥页岩，厚度为300~400m	古新统河流相砂岩	组内页岩	岩性、构造圈闭	704	160.3	低	低
马拉尼昂	阿普特—阿尔步期处于裂谷阶段，此后冷却沉降，伴随海侵海退沉积，正断层发育	阿尔步阶和上白垩统黑色泥页岩	土仑阶—渐新统海相砂岩；马斯特里赫特阶—渐新统海相台地碳酸盐岩	组内泥页岩和上覆致密灰岩	构造圈闭	574	83.8	低	低
波蒂瓜尔	晚白垩世裂谷，为三联点；正断层和转换断层发育	下白垩统泻湖相页岩；阿普特阶页岩	下白垩统冲积—河流—三角洲相砂岩和浊积砂岩	组内泥页岩和致密砂岩	构造、岩性圈闭	27237	1586.9	很高	中
赛尔希培阿拉戈斯	裂谷前期在克拉通基底沉积碎屑岩；在早白垩世开始裂谷作用；南北向和北东—南西向铲状生长断层和东西向北东向走滑断层发育	下白垩统湖相页岩；下白垩统海相钙质泥页岩；上白垩统开阔海相厌氧页岩	上白垩统砾岩和砾质砂岩	阿普特阶蒸发岩；上覆和组内页岩	构造、岩性圈闭	36149	1558.5	很高	中
荷昆丁霍纳河	早白垩世在前寒武系克拉通基底发生裂谷；南北向地堑地垒发育，盐岩构造特征显著	下白垩统同裂谷期湖相页岩；上白垩统海相碳酸盐岩	上白垩统砂岩	阿普特阶蒸发岩和组内页岩	构造圈闭	36	1	中	低
坎波斯	花岗岩基底，早白垩世发生裂谷。北和北东向拉张构造显著	下白垩统泻湖相钙质泥页岩	上白垩统、始新统和古新统浊积砂岩	阿普特阶蒸发岩；上覆和组内页岩	构造、岩性和地层圈闭	158815	24699.6	中	极高
桑托斯	早白垩世开始裂谷。北东向拉张构造显著，盐岩构造发育	上白垩统厌氧岩；下白垩统页岩	下白垩统浊积砂岩和阿普尔步阶台地灰岩	阿普特阶蒸发岩；上覆和组内页岩	构造、岩性圈闭	22477	7346.9	低	很高
科罗拉多	元古代变质岩和火山岩基底；古生代碰撞挤压、前陆阶段；晚侏罗世开始裂谷。前裂谷期挤压构造，西和北东向正断层，东北向走滑断层发育	分布层位很多，主要为白垩系，主要上石炭系页岩和上石炭系—下三叠统砂岩	分布层很多，主要是上石炭系—下三叠统砂岩和上侏罗统—白垩系砂岩	阿普特阶蒸发岩；上覆和组内页岩	构造、岩性圈闭	—	—	低	未知
北福克兰	二叠纪—三叠纪非分离，早白垩世开始裂谷。南北向和北东西向断层发育	中侏罗统—下白垩统河流、湖相泥沉积岩	下白垩统海相河流和海进相砂岩	顶部厚层泥岩	—	—	—	未知	未知

南美大西洋被动边缘盆地较年轻，大部分都是侏罗纪以后形成的（如图 2-2、2-3 所示），与大西洋形成有紧密关系，演化具有相似性，一般经历两个时期的拉张，第一个时期是大西洋打开时期的裂谷阶段，第二个时期是大西洋海底扩张阶段。裂谷后期进入热沉降阶段，海侵、海退沉积旋回发育。

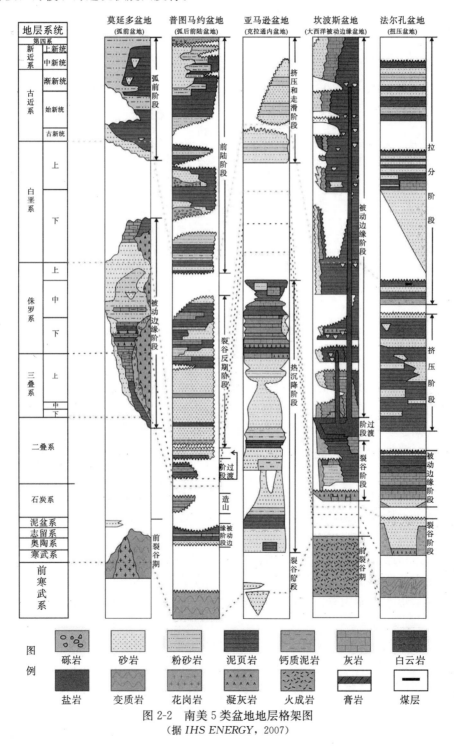

图 2-2　南美 5 类盆地地层格架图
（据 IHS ENERGY，2007）

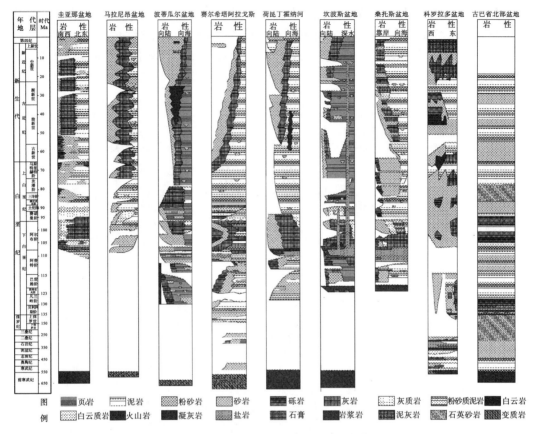

图 2-3　南美大西洋被动边缘盆地地层格架图

　　烃源岩一般是同裂谷阶段的湖相泥页岩，以白垩系为主，一般是优质烃源岩。储层主要是砂岩，少数为灰岩，一般孔渗性好。阿尔步阶盐岩形成区域性盖层，特别是在坎波斯、桑托斯、圣埃斯皮里图盆地普遍分布。另外，组内泥页岩可形成直接盖层。圈闭主要是断层、断块和背斜等构造圈闭，以及砂岩体尖灭形成的岩性圈闭，少量为沿不整合面形成的地层圈闭。

　　区域性阿尔步阶盐岩层对南美大西洋被动边缘盆地的油气运移、聚集和成藏具有特别重要的意义。盐岩导热率相对高，不仅阻止下伏烃源岩过成熟，而且能够加速上覆烃源岩成熟（如图 2-4 所示）；盐岩流动为油气运移提供驱动力，而盐岩构造及其伴生构造为油气提供运移通道和储集空间；盐岩对油气具有较强的封盖能力，形成区域性盖层。中部盐岩发育的地区油气富集程度明显高于盐岩不发育的北部和南部地区，因此盐岩是区域性油气富集的控制因素。在盐岩层间和岩性相变带寻找隐蔽性油气藏具有广阔的前景。

　　根据 USGS 最新的资源评价，被动陆缘盆地是南美最具远景的勘探领域。目前发现的主要含油气盆地位于中段的巴西东部和东南部（如图 1-1 所示），包括坎波斯、桑托斯北部、圣埃斯皮里图、雷康卡沃次等盆地，其中盐下圈闭为值得重点关注的勘探对象。北段和南段勘探程度低，北段圭亚那盆地，亚马逊河口诸盆地等具有较大的勘探潜力，南段盆地远景相对较差，福克兰高原盆地具有一定的远景。

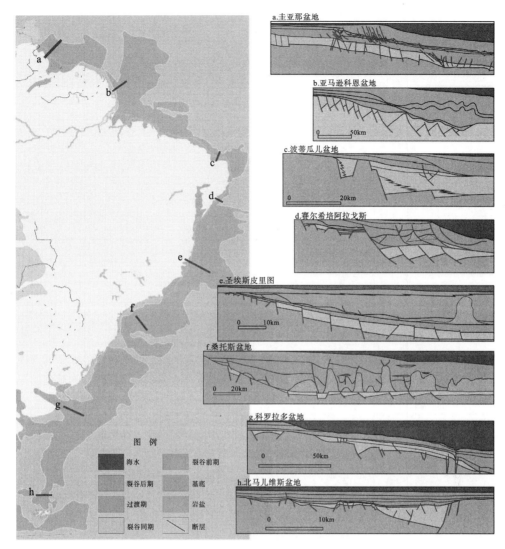

图 2-4　南美大西洋被动边缘典型盆地剖面对比图

2.2　克拉通内盆地

　　克拉通内盆地一般产生于大陆内部陆壳之上，剖面一般呈椭圆或碟状，大多数存在古裂谷。克拉通盆地形成机制一般经过以下几个阶段：①岩石圈拉伸；②断层主控的沉降；③热沉降和缩短；④缓慢热沉降伴随因地壳均衡补偿导致的沉降。南美克拉通内盆地主要有 4 个盆地，即亚马逊盆地、巴纳伊巴盆地、圣弗朗西斯科盆地和巴拉那盆地。它们主要位于南美东部稳定地台之上（如表 2-4、表 2-5、图 1-1 所示）。

表 2-4　南美克拉通内盆地地质特征对比

盆地	构造主要特征及演化	主要烃源岩	主要储集层	盖层	圈闭	油气丰度/(boe/km²)	地质储量/MMboe	勘探程度	勘探潜力
亚马逊	多期叠合盆地，基底为前寒武系变质岩和花岗岩，元古代晚期阶段开始裂谷，期间可能发生几次小裂谷，三叠纪发生构造反转，晚白垩世以后沉积热沉降	下志留统和中泥盆统海相页岩	上石炭统砂岩为主；泥盆系砂岩次之	泥盆系组内页岩，石炭系蒸发岩	构造、岩性	175	83	很低	很差
巴拉那	多期叠合盆地，基底可能存在古裂谷，经历三个时期坳陷，分别是志留-泥盆纪、石炭-二叠纪和晚侏罗世-早白垩世	二叠纪和泥盆纪页岩	石炭-二叠纪砂岩为主，泥盆纪砂岩次之	二叠纪页岩和火山岩形成局部盖层，二叠系 Palermo 组粉砂岩和页岩形成区域盖层	构造	5	5.9	很低	很差
巴纳伊巴	新元古代开始裂合，持续到志留纪，早泥盆世短暂隆升后，构造沉降，侏罗纪岩浆侵入，早白垩世东侧隆升，短暂火山活动，北部发生裂谷，晚白垩世热沉降	泥盆纪泥岩	泥盆纪砂岩	二叠纪页岩	—	—	—	很低	未知
圣弗朗西斯科	多期叠合盆地，基底为中元古代以前的变质基底，中元古代早期盆地发生裂谷，新元古代受热沉降，处于被动边缘，新元古代早寒武代盆地受 Brasilia 褶皱带影响，发育前陆，此后盆地较稳定接受沉积	中-新元古界页岩	中元古界裂隙石英岩和新元古界灰岩	新元古界海相页岩	—	—	—	很低	未知

表 2-5　南美克拉通内盆地分布特征统计表

盆地英文名称	盆地中文名称	所属国家	盆地面积/($\times 10^4 km^2$)	油气状态
Amazonas Basin	亚马逊盆地	巴西、哥伦比亚	47.3	商业性油气生产
Sao Francisco Basin	圣弗朗西斯科盆地	巴西	38.0	油气发现
Parana Basin	巴拉那盆地	巴西－巴拉圭－乌拉圭－阿根廷	117.4	油气发现
Parnaiba Basin	巴纳伊巴盆地	巴西	67.3	油气发现

（1）南美克拉通内盆地虽然面积巨大，但目前尚无重大油气发现。这类盆地大部分被热带雨林所覆盖，勘探程度很低，勘探受到当地政府严格限制，商业发现很少（如表 2-6 所示）。

表 2-6　南美克拉通内盆地油气资源统计

盆地英文名称	盆地中文名称	石油/MMbo	天然气/Bscf
Amazonas Basin	亚马逊盆地	4.2	472.7
Solimoes(Upper Amazon)Basin	索利蒙伊斯盆地	304.3	4072.5
Parana Basin	巴拉那盆地	0.0	35.3
Parnaiba Basin	巴纳伊巴盆地	0.0	0.0
Sao Francisco Basin	圣弗朗西斯科盆地	0.0	0.0
总　计		308.5	4580.5

资料来源：*IHS ENERGY*，2007

（2）泥盆纪是烃源岩最发育时期，主要受侵入岩加热和热沉降而成熟；泥盆—石炭纪砂岩是最主要储层，沉积环境变化很大；圈闭类型以构造圈闭为主，主要是断展褶皱和逆断层相关构造。

2.3　弧后、前陆盆地

弧后、前陆盆地是南美洲含油气盆地中最主要的盆地类型，分布于安第斯褶皱带与南美东部的克拉通之间，北起委内瑞拉，沿哥伦比亚、厄瓜多尔、秘鲁、直至阿根廷最南端，包括东委内瑞拉盆地、亚诺斯盆地、普图马约盆地、乌卡亚利盆地、圣克鲁斯盆地、库约盆地、内乌肯盆地等 25 个盆地（如图 1-1、表 2-7 所示）。

表 2-7　南美弧后、前陆盆地油气资源统计

地英文名称	盆地中文名称	石油/MMbo	天然气/Bscf
Altiplano Basin	阿尔蒂普拉诺盆地	0.3	0.0
Beni Basin	贝尼盆地盆地	9.9	6.0
Cesar Basin	凯撒盆地	0.0	200.5
Chaco Basin	卡加盆地	1845.8	72341.7

续表

地英文名称	盆地中文名称	石油/MMbo	天然气/Bscf
Cretaceous Basin	白垩盆地	91.8	117.0
Cuyo Basin	库约盆地	1268.6	392.5
East Venezuela Basin	东委内瑞拉盆地	75581.4	137209.3
Eastern Cordillera Basin	东科罗拉多盆地	0.3	1.5
Huallaga Basin	瓦利亚加盆地	0.0	0.0
Llanos Barinas Basin	亚诺斯斯巴里纳斯盆地	8123.3	9937.0
Madre de Dios Basin	马德雷斯奥斯盆地	31.0	2010.0
Maracaibo Basin	马拉开波盆地	64064.0	68691.5
Maranon Basin	马拉尼翁盆地	2286.3	141.6
Middle Magdalena Basin	中马格达莱纳盆地	2646.5	3713.1
Neuquen Basin	内乌肯盆地	4583.2	30741.3
Nirihuau Basin	尼日化盆地	0.0	0.0
Puna Basin	普纳盆地	0.0	0.0
Putumayo Basin	普图马约盆地	7956.8	2413.4
San Jorge Basin	圣豪尔赫盆地	5892.2	5546.9
Somuncura Canadon Asfalto Basin	索蒙古拉卡东阿斯法尔多盆地	0.0	0.0
South Falkland Basin（Malvinas Basin 一部分）	南福尔兰（马尔维纳斯）盆地	0.0	0.0
Tobago Basin	多巴哥盆地	45.7	11306.9
Trinidad Basin	特立尼达盆地	4739.7	49769.4
Ucayali Basin	乌卡亚利盆地	1190.6	18012.0
Upper Magdalena Basin	上马格达莱纳盆地	1079.6	1220.6
总　　计		179166.8	394539.6

弧后、前陆盆地早期为克拉通边缘整体弯曲沉降而形成的周边盆地，中后期主要与现存的"B"型俯冲形成的火山弧带有关，发育碰撞前渊式沉降，形成弧后、前陆盆地（如表 2-8 所示）。

(1)南美弧后、前陆盆地的形成与安第斯运动有密切联系（如表 2-9、图 2-5、图 2-6 所示），主要位于安第斯山东侧，变形构造相对西侧盆地不强。沉积盖层向东逐渐变薄甚至尖灭，覆于基底（一般是前寒武系）之上。在安第斯运动之前中部和南部盆地大多经历早期裂谷阶段，裂谷一般与安第斯山平行。东科迪勒拉、马格达莱纳和阿根廷圣巴巴拉盆地厚皮构造发育，缩短量为 20%～35%。圣地亚哥和瓦亚加、玻利瓦尔和阿根廷北端、阿根廷前科迪勒拉、麦哲伦盆地薄皮构造发育，缩短量为 40%～70%。

表 2-8 南美弧后、前陆盆地地质特征对比

盆地	构造主要特征及演化	主要烃源岩	主要储集层	盖层	圈闭	油气丰度/(boe/km²)	地质储量/MMboe	勘探程度	勘探潜力
东委内瑞拉	晚三叠世—早白垩世开始裂谷，晚白垩世—古新世碰撞造山，发育前陆，始新世板块边界为右旋走滑。南部为正断层，北部为逆断层，走滑断层以及上部生育的背斜和花状构造	上白垩统海相钙质泥页岩，中渐新世—中中新世开始生烃	晚白垩世—上新世陆相—深水海相砂岩；白垩系中中新世海相灰岩	夹层页岩、褐煤和泥岩；重油油带为沥青	构造、岩性	449547	92992.2	高	极高
亚诺斯	古生代衰退裂谷，早三叠世演化成弧后—古近纪早期。早白垩世停止裂谷开始坳陷，晚白垩世太平洋岛弧与南美科迪勒拉增生引起中科迪勒拉隆升剥蚀，发育前陆盆地，中中新世东科迪勒拉隆升变形	层位较多，主要是上白垩统泥页岩；古新统—始新统页岩	上白垩统—中新统砂岩、海相、河流—三角洲、河流和湖质钙质湖相沉积	渐新统—中新统页岩既可作组内盖层也可作下伏储层盖层；上白垩统夹层和组内页岩；顶部古新统—始新统页岩；	构造为主，岩性次之	26073	9982	中	高
马拉尼翁	古生界基底在晚二叠世—早三叠世裂谷，白垩纪坳陷，晚白垩世以后为前陆盆地，经历安第斯构造运动两次	上白垩统浅海陆棚泥页岩；下侏罗系钙质海相泥岩	上白垩统浅海陆棚—三角洲和陆相砂岩；上白垩统浅海陆棚灰岩	组内页岩和致密灰岩	构造为主，岩性次之	9476	2089.8	低	中
马德雷德奥斯	多期叠合盆地，中奥陶世、三叠纪为前陆盆地，三叠纪发生裂谷，晚侏罗世—早白垩世隆升，晚白垩世受安第斯运动影响，发育安第斯前陆盆地	中—上泥盆统和宾西法尼亚系、上二叠系—二叠系页岩	上泥盆统—密西西比亚系、上二叠统和中生界砂岩	白垩系和古近系泥岩	构造	1340	366	低	中
卡加	多期叠合盆地，基底为前寒武系或寒武系强变形基底，中奥陶世为前陆盆地，三叠纪开始裂谷，晚白垩世安第斯前陆盆地运动，形成安第斯前陆盆地	中—上泥盆统陆棚相页岩	层位多，主要发育于泥盆系和密西西比亚系砂岩和石英砂岩，半地区域和组内盖层	很发育，泥岩、页岩，页区半地区域和组内盖层	构造为主，岩性次之	48838	13902.8	中	极高
普纳	基底为前寒武系和古生界，白垩纪处于裂谷阶段，三冬期一次潘期坳陷，发育前陆运动	马斯特里赫特—丹尼阶钙质泥岩	马斯特里赫特阶—古新统砂岩；马斯特里赫特阶砂岩	马斯特里赫特—古新统泥岩	—	—	—	很低	未知
内乌肯	基底为前寒武系和古生界，晚二叠—早侏罗世地堑谷阶段，早中侏罗—古新世热沉降，晚后期几次构造反转，此后受控于安第斯构造运动，发育前陆盆地	上三叠—下白垩统海相或海陆过渡相泥岩	层位多，主要发育侏罗系和白垩系砂岩和灰岩	中生界均可，岩性一般为泥页岩，也有蒸发岩发育	构造、岩性	84557	9707.3	很高	高

续表

盆地	构造主要特征及演化	主要烃源岩	主要储集层	盖层	圈闭	油气丰度 /(boe/km²)	地质储量 /MMboe	勘探程度	勘探潜力
圣豪尔赫	基底为前侏罗系变质岩和火山岩，晚三叠世一早白垩世经历裂谷，此后坳陷，在中新世经历安第斯运动，发育前陆盆地	下白垩统湖相页岩	上侏罗统河道砂岩	白垩系泥岩	构造、岩性	41917	6816	高	很高
澳大利亚	基底为前寒武系和古生界变质岩以及石炭系和二叠系花岗岩；早一中侏罗世裂谷阶段，晚侏罗世一白垩纪坳陷阶段，始新统经历安第斯运动，形成前陆盆地	上侏罗统一下白垩统厌氧泥岩	上侏罗统一下白垩统砂岩	上侏罗统一下白垩统页岩作为区域盖层，下白垩统泥岩	构造、岩性	25999	5680.9	高	很高

（2）白垩纪海水处于上升期，东委内瑞拉盆地和马拉开波盆地当时位于被动边缘，广泛发育海相烃源岩；其他安第斯次盆地处于弧后拉张阶段，海相烃源岩在南美北部东侧发育，尤其在北纬 10°～南纬 20°，南部次之，而在中部不发育。同时期，陆相储层很发育。

（3）烃源岩在奥陶系—新近系均发育，但白垩纪烃源岩发育最好。受控于早期裂谷，白垩系烃源岩一般呈狭窄条带分布，在北部的哥伦比亚和西委内瑞拉则相对开阔；烃源岩成熟度一般呈现为：安第斯冲断带为过成熟，向东逐渐为成熟－未成熟。源岩主要成熟期为古近纪，新生代安第斯强烈的构造运动以及引起的快速沉降导致部分烃源岩达到成熟。储层主要是砂岩。圈闭类型丰富多样，靠近造山带一侧，以构造圈闭为主，包括背斜、断背斜以及断块构造等；前陆斜坡到前陆隆起带，岩性圈闭，地层圈闭以及构造－地层复合圈闭发育。

（4）在南美弧后、前陆盆地带的北部，尤其在东委内瑞拉、马拉开波、马格达莱纳峡谷以及普图马约－奥连特－马拉尼翁等盆地，油气相对更为富集，并具有较大的勘探潜力。这主要是因为这几个盆地发育共同的优质烃源岩——La Luna 组，因此认为烃源岩分布是该类型盆地油气富集的最关键控制因素。

表 2-9　安第斯演化、成因及其对油气影响

安第斯演化	安第斯成因机制	安第斯运动对油气影响
三叠纪—侏罗纪沿岛弧链东侧发育裂谷，北部为被动边缘	在盘古大陆解体期间裂谷开始于尤卡坦期	从厄瓜多尔南部在裂谷盆地沉积海相/非海相烃源岩
陆表海早白垩世拉张，接受沉积	裂谷后期热沉降，海平面长期上升	发育海侵砂岩储层；沉积碳酸盐岩，局部可作储层
阿尔步期汇聚，在中安第斯发育前渊	在阿普特期位于中大西洋的非洲－南美大陆的北部开始分离，岛弧开始汇聚	沉积阿尔步阶烃源岩，发育中安第斯前陆，继续沉积海侵储层
白垩纪中期南部陆棚加深，陆表海加速扩大	长期高水位，沉积欠补偿	发育最好的烃源岩，局部沉积于厌氧环境
晚白垩世岛弧碰撞，在北部和南部向东倾斜俯冲，哥伦比亚、西委内瑞拉、智利和阿根廷南部发育前渊	南美向西漂移使弧后关闭，贝内奥夫俯冲继续，长期低水位	烃源岩不发育，海退期进积储层开始沉积；在冲断带烃源岩可能成熟
古近纪海水从大部分克拉通退去，安第斯开始上升，来自安第斯的碎屑大规模向东搬运沉积，在委内瑞拉前渊向东迁移	南美向西增生和快速俯冲，安第斯隆升，加勒比与南美斜碰	在前渊沉积重要的河流相砂岩储层，烃源岩主要成熟期，并向东运移
中新生代晚期造山运动减弱，发育前陆，加勒比前渊继续迁移	南美板块向西运动和太平洋板块俯冲减慢	在前陆发育河流相砂岩储层
新生代晚期安第斯造山运动重新开始，快速隆升，沉积磨拉石，前渊形成；加勒比前渊在马图林和特立尼达	南美板块向西运动和太平洋板块俯冲加剧，在北部巴拿马碰撞加剧	烃源岩第二个主要成熟期，冲断带和前渊向东迁移，前陆变形向东发展；东委内瑞拉盆地烃源岩主要成熟期

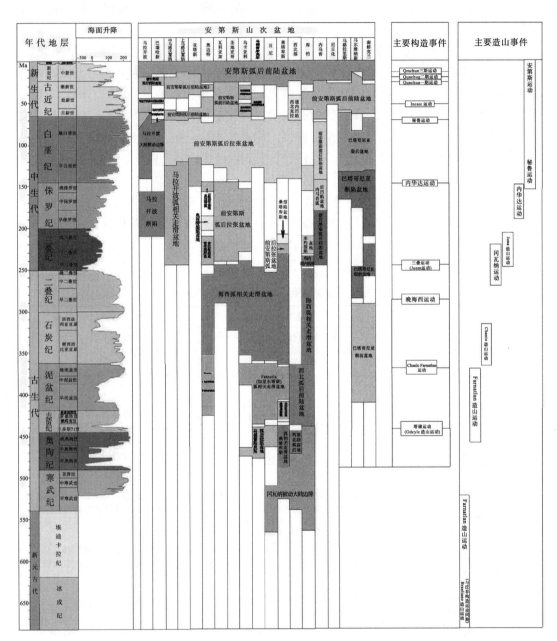

图 2-5　南美弧后、前陆盆地构造演化

[据 Jacques（2003，2004）]

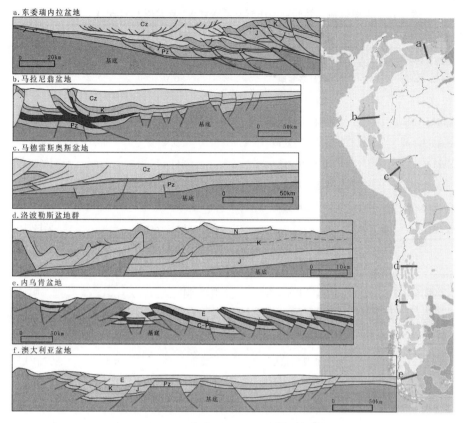

图 2-6　南美典型的弧后、前陆盆地剖面对比图

2.4　弧前、弧间盆地

　　南美弧前、弧间盆地主要位于安第斯山间或安第斯山与东太平洋之间(如图 1-1 所示),大陆边缘陆架狭窄,陆坡较陡,地形高差十分悬殊。主要组成单元是海沟、大陆坡、火山弧,后方无边缘海。海沟洋侧的外缘隆起发育良好,海沟与火山链之间也有弧沟间隙及弧前盆地出现。按盆地位置与岛弧的关系,可以分为弧前、弧间两种亚类,共 23 个。一般面积不大,往往呈狭长条状,其走向与活动带火山岛弧平行,由于强烈的构造运动,这类盆地油气资源一般不丰富(如表 2-10、2-11、2-12 所示)。

　　(1)南美弧前、弧间盆地中仅上马格达莱纳盆地分布在南美北西边缘,其形成和演化与加勒比板块运动有密切关系,其余都分布于南美中部安第斯山和纳兹卡板块之间,狭长条带状,变形构造强烈,基底为前寒武系和古生代,早期经历过裂谷和热沉降,后期受安第斯运动强烈改造。

　　(2)烃源岩主要为白垩系和古近系,古中生界也有分布,储层主要为上白垩统和古近系砂岩,圈闭以构造圈闭为主。

　　(3)大部分盆地勘探程度很低,其勘探潜力总体不高。

表 2-10   南美弧前、弧间盆地油气资源统计表（据 *IHS ENERGY*，2007）

盆地英文名称	盆地中文名称	石油/MMbo	天然气/Bscf
Lower Magdalena Basin	下马格达莱纳盆地	83.2	2364.3
Mollendo Basin	莫延多盆地	0.0	0.0
Pisco Basin	皮斯科盆地	0.0	0.0
Progreso Basin	普罗格雷索盆地	189.5	1212.7
Santiago Basin	圣地亚哥盆地	0.4	5.0
Talara Basin	塔拉拉盆地	2439.1	4632.4
Tamarugal Basin	塔玛鲁加盆地	0.0	0.0
Trujillo Basin .	特鲁希略盆地	0.0	0.0
总　　计		2712.2	8214.4

表 2-11   南美弧前、弧间盆地分布特征统计表

盆地英文名称	盆地中文名称	所属国家	盆地面积/（×10⁴km²）	油气状态
Lower Magdalena Basin	下马格达莱纳盆地	哥伦比亚	1.6	商业性油气生产
Mollendo Basin	莫延多盆地	秘鲁	1.9	商业性油气生产
Pisco Basin	皮斯科盆地	秘鲁	4.0	油气发现
Progreso Basin	普罗格雷索盆地	厄瓜多尔	3.5	油气发现
Santiago Basin	圣地亚哥盆地	秘鲁、厄瓜多尔	0.7	商业性油气生产
Talara Basin	塔拉拉盆地	秘鲁	2.5	商业性油气生产
Tamarugal Basin	塔马努加盆地	秘鲁	5.5	油气发现
Trujillo Basin	特鲁希略盆地	秘鲁	1.0	油气发现
Alamor Basin	阿拉莫尔盆地	巴西	0.5	—
Bagu Basin	巴古盆地	巴西	0.6	—
Borbon Basin	波尔波恩盆地	委内瑞拉	4.6	—
Carimnga Basin	卡玛伽盆地	委内瑞拉	—	—
Cayo Basin	卡约盆地	阿根廷	1.1	—
Lima Basin	利马盆地	秘鲁	3.3	—
Manabi Basin	马纳比盆地	厄瓜多尔	3.1	油气发现
Moquegua Basin	莫克瓜盆地	秘鲁、智利	—	—
Moyomba-Biabo-Pachitea Basin	蒙巴比亚沃帕奇特阿盆地	秘鲁	7.6	—
Pacific Coastal Basin	太平洋海岸盆地	秘鲁	52.0	—
Rio Zamora Basin	河撒莫拉盆地	秘鲁	0.3	—
Salaverry Basin	萨拉韦里盆地	厄瓜多尔	5.6	—
Sechura (Piura) Basin	塞丘拉（皮乌拉）盆地	阿根廷	2.9	—
Talara Basin	塔拉拉盆地	秘鲁	2.5	油气发现
Yaquina Basin	亚奎纳盆地	秘鲁	0.5	—

表 2-12　南美弧前、弧间前陆盆地地质特征对比表

盆地	构造主要特征及演化	主要烃源岩	主要储集层	盖层	圈闭	油气丰度/(boe/km²)	地质储量/MMboe	勘探程度	勘探潜力
下马格达莱纳	基底可能为玄武洋质壳和变质陆壳;晚白垩世受太平洋板块东考发生大规模挤压,古新世—始新世为挠曲前渊盆地,始新统由于加勒比板块运动由北东变为向东运动,下马格达莱纳峡谷形成,中新世南美和加勒比板块汇聚速度变大,俯冲方向发生变化,晚中新世—上新世形成,新的增生楔柱形成	渐新统和上中新统页岩为主,上白垩统页岩次之	上始新统—下中新统砂岩和灰岩	组内页岩	构造为主,岩性次之	492	477.3	成熟	中等
塔拉拉	盆地古生界是外未末地质体,在坎潘早期,Amotape-Tahuin 地体与秘鲁碰撞,发生正时针旋转,晚白垩世—渐新世拉张走滑,始新世中部和南部隆升,处于弧前汇聚环境	始新统页岩和白垩系页岩	始新统砂岩	组内页岩	构造	127818	3214	很成熟	高
圣地亚哥	基底为古生代前寒武强褶变质岩,三叠纪—侏罗纪热隆升为前生生火山活动,白垩纪沉降,在晚白垩世,重新裂谷伴随沉降,中新统在安第斯褶皱带因挠曲前陆发育	上白垩统钙质泥页岩	储层不发育,白垩系砂岩可作	上白垩统页岩	构造	166	1.23	很低	很低
皮斯科	基底为前寒武系和古生界火山岩和变质岩,侏罗系—早白垩世末期裂谷作用,期间可能存在热沉降,早白垩世岛弧增生导致盆地关闭,晚白垩世早期发生秘鲁造山运动,挤压变形发育,此后在盆地东部边缘产生火山岛弧,晚始新世—早渐新世经历 Incaic 运动	下石炭统、侏罗系、侏罗系—始新统海相页岩	下石炭纪砂岩和三叠系灰岩和砂岩、侏罗系灰岩和砂岩、古近系—古近系海相砂岩	上白垩统—中新统页岩,作为区域—半区域盖层;石炭和三叠系—古近系页岩组内盖层	—	—	—	—	—
莫延多	基底为前寒武系和古生界变质岩和火山岩,古生代末期—早白垩世秘鲁造山作用发育成边缘盆地,晚白垩—古新统,盆地关闭,火山岛弧消生,盆地前弧环境持续至今	三叠系、侏罗系和马斯特里赫特阶—古新统钙质砂岩;中下新统灰生物灰岩	三叠系、中上侏罗系、马斯特里赫特阶—古新统、始新统—上新统砂岩;中下侏罗统生物灰岩	组内页岩和致密灰岩	—	—	—	—	—

2.5　扭压(拉分)盆地

扭压盆地是沿着板块或断块边界走向滑移而形成的，在南美主要出现在板块接触边界，共 11 个，如南美的北部和南部地区(如图 1-1 所示)。另外在巴拉那盆地和桑托斯盆地之间存在一个右行走滑断层，主要是由于太平洋板块向南美板块俯冲产生的远力效应而形成的，沿断层边界形成了三个长条状盆地，即：雷森迪盆地、陶巴特盆地和圣保罗盆地(如表 2-13 所示)。

表 2-13　南美扭压(拉分)盆地分布特征统计表

盆地英文名称	盆地中文名称	所属国家	盆地面积/($\times 10^4 km^2$)	油气状态
Guajira Basin	瓜希拉盆地	哥伦比亚	2.9	油气发现
Falcon Basin	法尔孔盆地	委内瑞拉	6.5	商业性油气生产
Resende Basin	雷迪森盆地	巴西	<0.1	—
Taubate Basin	陶巴特盆地	巴西	0.2	—
Sao Paulp Basin	圣保罗盆地	巴西	0.4	—
West Burwood Basin	西伯伍德盆地	阿根廷、智利	0.6	—
Los Bolsones Basin	洛博尔索拉斯盆地	阿根廷	0.9	—
Bonaire Basin	博内尔盆地	委内瑞拉	—	—
Paraguana Basin	帕拉瓜盆地	委内瑞拉	0.2	—

由于加勒比板块斜向与南美板块碰撞，并沿两个板块之间的走滑边界发生滑移，产生了如南美洲北部的瓜希拉盆地、委内瑞拉湾盆地等。这一类盆地一般来说含油气性较差(如表 2-14 所示)，如果发育在洋壳性质的基底上，由于沉积盖层较薄，石油生储盖条件不理想，但是如果洋流携带丰富的沉积物，那么也可以产出油气，目前已证实在委内瑞拉湾盆地中发现了油气。在南美洲板块与南极洲板块斜向碰撞并发生横向移动时可能对智利南部盆地产生了一定的拉分影响，西伯伍德盆地位于大型走滑断层一侧，推测可能是扭压(拉分)盆地(如表 2-15 所示)。

(1)南美的扭压盆地主要位于南美北段以及南美大陆东面巴拉那盆地与桑托斯盆地之间，北段扭压盆地主要与加勒比板块和南美板块之间的右行走滑有关。

(2)主要烃源岩为渐新统—上新统，储层主要为渐新统—中新统砂岩，局部以灰岩为主。圈闭以构造圈闭为主。

表 2-14　南美扭压(拉分)盆地油气资源统计(据 *IHS ENERGY*，2007)

盆地英文名称	盆地中文名称	石油/MMbo	天然气/Bscf
Falcon Basin	法尔孔盆地	270.9	1156.5
Lower Guajira Basin	下瓜希拉盆地	95.1	4970.0
Upper Guajira Basin	上瓜希拉盆地	0.0	410.0
总　　计		366.0	6536.5

表 2-15　南美扭压（拉分）盆地地质特征表

盆地	构造主要特征及演化	主要烃源岩	主要储集层	盖层	圈闭	油气丰度/(boe/km²)	地质储量/MMboe	勘探程度	勘探潜力
法尔孔	基底为二叠系变质岩和火山岩，侏罗纪裂谷，白垩纪热沉降，被动边缘阶段，古新世—中新世 Piemontina 和 Lara 推覆体运动，发育挤压构造，晚始新世—早渐新世加勒比和南美板块沿着 Oca 断层发生右旋产生一系列扭压（拉分）盆地	渐新统—下中新统海相页岩	下中新统灰岩，中中新统砂岩和基底	中新统—上新统组内泥岩	构造	10185	463.7	高	中
洛博尔索纳斯	石炭—二叠纪前陆，二叠—三叠纪拉张，侏罗—白垩纪坳陷伴生火山活动，古近纪发育安第斯逆冲构造	分布层位多，二叠—石炭纪，三叠和白垩系泥岩	—	不发育	—	—	—	—	—
下瓜希拉	古生界—下中生界变质岩和火山岩，三叠—侏罗纪裂谷，侏罗—白垩统热沉降，被动边缘，晚古新统发育逆冲断层，加勒比和南美的右行走滑形成扭压（拉分）盆地，渐新统—中新统沉降达到最大	渐新统—上中新统海相页岩，上白垩统统页岩	下中新统灰岩，中中新统砂岩和基底	下中新统海相页岩	构造为主、岩性圈闭	30946	923.4	中	中
上瓜希拉	基底为前三叠系变质岩和火山岩，三叠—侏罗纪裂谷，白垩系沉降，马斯特赫特期—始新世，纳兹卡和西哥伦比亚碰撞，导致新中科油勤勒拉隆升，晚古新世，Oca 断层右旋走滑形成一些走滑盆地	渐新统—中新统页岩	渐新统和下中新统砂岩	组内页岩和泥灰岩	岩性	2891	68.3	低	—

(3)南美北部扭压盆地勘探程度中－高，勘探潜力中等，东部盆地无资料，勘探程度和潜力都很低。

综合南美洲五类盆地类型的地质特征、构造演化以及油气地质条件的横向和纵向对比表明南美洲各类盆地的含油气性特征如下(如表 2-16 所示)。

表 2-16　南美各类盆地油气资源百分比(据 *IHS ENERGY*，2007)

盆地类型	石油/MMbo	天然气/Bscf	石油比例/%	天然气比例/%
大西洋被动边缘盆地	34821.2	35809.3	16.02	7.97
弧后、前陆盆地	179166.8	394539.6	82.42	87.82
克拉通内盆地	308.5	4580.5	0.14	1.02
弧前、弧间盆地	2712.2	8214.4	1.25	1.83
扭压(拉分)盆地	366	6126.5	0.17	1.36
合　计	217374.7	449270.3	100	100

(1)南美油气主要富集带在弧后、前陆盆地和大西洋被动边缘盆地，这两类盆地油气储量分别占南美油气储量的 82% 和 7.97%。

(2)除克拉通内盆地以外，白垩系烃源岩是南美各类含油气盆地的主力烃源岩并且分布广泛，厌氧环境下沉积，与该时期全球性事件——厌氧事件吻合。

(3)南美主要含油气盆地储层比较发育，层位比较多，以砂岩为主，灰岩次之，一般是高渗高孔，属于优质储层。

(4)圈闭主要以构造圈闭和地层圈闭为主。

第3章 东委内瑞拉盆地

3.1 盆地概况

3.1.1 区域地质特征

东委内瑞拉盆地位于委内瑞拉中、东部，为一大型东西走向北倾不对称的前陆盆地，盆地北以南美洲板块与加勒比板块接触界线的埃斯帕塔走滑断层为界，南至圭亚那(Guyana)地盾，西以埃斯包豪斯隆起与巴里纳斯－阿普雷(Barinas-Apure)盆地相隔，盆地面积约165000km²(如图3-1所示)。尤瑞卡－阿纳科断层将东委内瑞拉盆地分为马图林次(Maturin Sub)盆地和瓜里科次(Guarico Sub)盆地。马图林次盆地构造线走为向近东西向，瓜里科次盆地构造走向线为近北东－南西向。主要断裂层有埃斯帕塔右旋走滑断层系统、圣弗朗西斯科走滑断层、尤瑞卡、阿纳科、圣胡安、Pirital和弗朗塔尔逆冲断层(如图3-1所示)。

东委内瑞拉盆地的形成与南美洲板块北缘的发展演化密切相关。东委内瑞拉盆地经历了前裂谷期、裂谷期、被大陆边缘期及逆冲造山前陆盆地期，沉积充填了三叠系—侏罗系的陆内红层、火山岩及蒸发岩，白垩系—始新统海相、陆相碎屑岩、页岩及少量碳酸盐岩，渐新统至今发育海相、陆内碎屑岩、页岩(如图3-2所示)。

1. 基底(前寒武纪—空谷期)

东委内瑞拉盆地，前古生代基底由深变质、强形变的片麻岩、花岗岩、变质沉积岩及上覆的浅变质或未变质的古生代沉积岩和火成岩组成。

2. Barranquin 组(欧特里沃期—早阿普特期)

Barranquin 组厚度为1300～24500m，平均厚度为1677m。主要由海相砂岩及少量页岩、砂岩及碳酸盐岩组成，砂岩由北向南增厚，而页岩向北、向东增加，生物化石有软体动物、珊瑚及有孔虫，与上覆 El Cantil 组地层整合接触，出露于 Cumana-Cumancoa 区 Barranquin 村。

3. El Cantil 组(晚阿普特期—阿尔步期)

El Cantil 组厚度为300～866m，由陆棚灰岩和钙质砂岩组成，含有孔虫化石。与上覆 Chimana 组整合接触，与下伏 Barranquin 组整合接触，出露于 Monagas 州 El Cantil 区 Rio Punceres。

4. Canoa 组（中阿普特期—塞诺曼期）

Canoa 组被 Southern Anzoategui 州 ELT-1 井（N 08°51′39.650″，W 063°36′43.590″）钻遇，顶深 1865m，厚度为 93m，主要为陆相（河流相）沉积，盆地的北部可能为浅海沉积，与上覆 Tigre 组地层整合接触，同时代地层有 El Cantil 组等。

5. Chimana 组（中阿尔步期—晚阿尔步期）

Chimana 组厚度为 120~800m，由开阔陆棚相页岩、灰岩和海绿石砂岩组成，含菊石和有孔虫化石，与上覆 Querecual 组地层整合接触，与下伏 El Cantil 组整合接触，出露于 Anzoategui 州 Puerto La Cruz 市 Chimana Grande 岛北部。

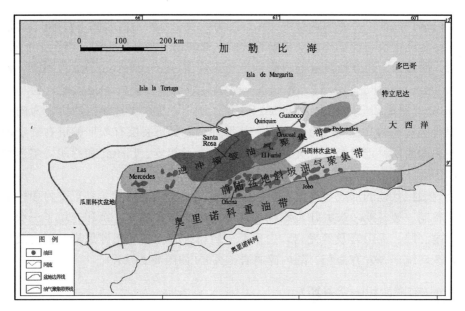

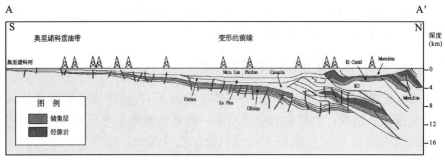

图 3-1　东委内瑞拉盆地区域位置及构造区带图

（资料来源：*Petroconsultants S.A.*，2007）

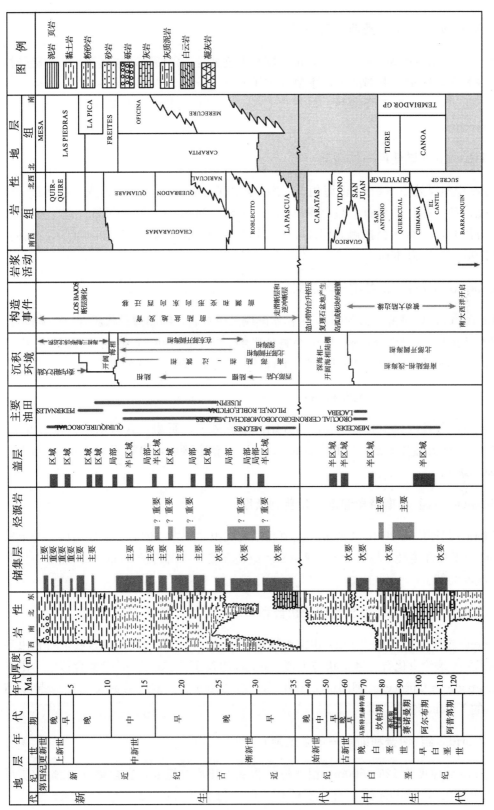

图3-2 东委内瑞拉盆地构造-地层-生储盖组合综合柱状图
(资料来源: *Petroconsultants S. A.*, 2007)

6. Querecual 组（塞诺曼期—三冬期）

Querecual 组厚度为 250～750m，由陆棚相黑色页岩、含沥青灰岩组成，向上碳酸盐增加。东委内瑞拉盆地南部缺失，主要分布于 Globigerina、Ammonites 和 Inoceramus，与上覆 San Antonio 组整合接触，与下伏 Chimana 组整合接触，出露于 Anzoategui 州 Rio Querecual。

7. Tigre 组（塞诺曼期—坎潘期）

Tigre 组最厚处为 600m，由海相、北部局限海页岩、灰岩、砂岩组成，含菊石、腕足、双壳、鱼、有孔虫化石，与上覆 La Pascua 组、Merecure 组、Oficina 组不整合接触，与下伏 Canoa 组整合接触。ELT-1 井（N 08°51′39.650″、W 063°36′43.590″）钻遇，顶深 1779m，厚度为 86m。

8. San Antonio 组（三冬期—坎潘期）

San Antonio 组最薄处为 300m，为深水陆棚黑色页岩、细晶薄板状灰岩、钙质砂岩，含底栖有孔虫化石，与上覆 San Juan 组整合接触，与下伏 Querecual 组整合接触，出露于 Anzoategui 州 Bergantin 地区 Rio Querecual，得名于 San Antonio 山。

9. San Juan 组（马斯特里赫特期）

San Juan 组厚度为 100～400m，为开阔海陆棚砂岩、页岩，含深水生物化石群落。与上覆 Vidono 组整合接触，与下伏 San Antonio 组整合接触，出露于 Querecual 河支流 San Juan 山谷。

10. Guarico 组（马斯特里赫期—伊普利斯期）

Guarico 组厚度为 2000～4000m，由海相浊流沉积的砾岩、砂岩和页岩组成。与上覆 Naricual 组不整合接触，与下伏 San Antonio 组整合接触，出露于 Venezuela 北部海岸及 Anzoategui 北部。

11. Vidono 组（晚马斯特里赫期—伊普利斯期）

Vidono 组厚度为 200～300m，由深水陆棚页岩、砂岩、灰岩组成，含底栖有孔虫和浮游球截虫及球轮虫化石，呈指状与上覆 Caratas 组及下伏 San Juan 组整合接触，出露于 Anzoategui 州 Querecual 河 Santa Anita 段下游 300m 处。该组名称来自 Barcelona 市东 6km 的 Vidono 地名。

12. Caratas 组（伊普利斯期—巴尔通期）

Caratas 组厚度为 126～600m，由浅海生物灰岩和页岩组成，富含化石（牡蛎和货币虫），与上覆 Los Jabillos 组整合－不整合接触，与下伏 Vidono 组整合接触，出露于 Anzoategui 州北部 Querecual 河。该组名称来自 Las Caratas 峡谷。

13. Los Jabillos 组（渐新世）

Los Jabillos 组厚度为 100~200m，主要为砂岩，广泛出露于 Anzoategui and Monagas 北部 Serrania del Interior 地区，东部直到 Monagas Quiriquire 地区，与下伏 Caratas 组整合接触。

14. La Pascua 组（鲁塔尔期）

La Pascua 组厚度为 460m，由海陆过渡相及浅海相砂岩与页岩、少量褐煤互层组成，含植物和有孔虫化石，与上覆 Roblecito 组整合接触，与下伏 Temblador 群不整合接触，出露于 Guarico 州。

15. Roblecito 组（鲁塔尔期—夏特期）

Roblecito 组最厚处为 2500m，由潮下、海湾页岩夹薄层砂岩组成，局限于东委内瑞拉盆地西部，含丰富的化石群，与上覆 Chaguaramas 组、Naricual 组整合接触，与下伏 La Pascua 组整合接触。

16. Naricual 组（夏特期—布尔迪加尔期）

Naricual 组厚度为 380~1800m，由泛滥平原－浅水陆棚砂岩夹少量页岩组成，缺乏生物化石，与上覆 Carapita 组、Quebradon 组整合接触，与下伏 Los Jabillos 组、Roblecito 组整合接触，出露于 Anzoategui 州东北的 Naricual 村附近的河谷。

17. Carapita 组（夏特期—塞拉瓦尔期）

Carapita 组厚度为 800~6100m，由海相砂岩和页岩构成。与上覆 La Pica 组、Las Piedras 组、Quiriquire 组假整合接触，与下伏地层 Naricual 组整合接触，出露于 NE Anzoategui 州 Quebrada Carapita。

18. Merecure 组（鲁塔尔期—布尔迪加尔期）

Merecure 组最厚处为 579m，由河流相、湖相及浅海相砂岩及少量页岩和粉砂岩组成，与上覆 Oficina 组整合接触，与下伏 Temblador 群不整合接触，出露于 Rio Querecual 河支流 Quebrada Merecure。

19. Oficina 组（布尔迪加尔期—塞拉瓦尔期）

Oficina 组最厚处为 3300m，由陆相、海陆交互相、海相页岩与细－粗粒砂岩互层构成，相变快，局限于东委内瑞拉盆地南部，与上覆 Freites 组整合接触、Merecure 组整合接触，与下伏 Temblador 不整合接触，出露于 Anzoategui 州 Freites 区。

20. Chaguaramas 组（夏特期—塞拉瓦尔期）

Chaguaramas 组厚度为 600~4200m，主要由陆相－浅海相砂岩组成，夹薄层页岩，缺少化石。与上覆 Freites 组假整合接触、Roblecito 组地层整合接触。

21. Freites 组（托尔道期—梅辛期）

Freites 组厚度为 275~1000m，由浅海相灰色－白色砂岩与厚层页岩组成，富含浮游有孔虫及软体动物化石，与上覆 Las Piedras、La Pica 组整合接触，与下伏 Oficina 组整合接触，出露于 Anzoategui 州 Freites 地区。

22. La Pica 组（托尔道阶—梅辛阶）

La Pica 组最厚处为 2000m，由受陆相影响的海相碳质、云母质页岩及少量粉砂岩和砂岩组成，富含独特砂质、钙质有孔虫化石，与上覆 Las Piedras 组整合、不整合接触，与下伏地层 Carapita 组、Freites 组整合接触。在 Monagas 州 Maturin 地区 LPI-1 井（N 09°48′50.590″、W 063°00′23.310″）钻遇，顶深 945m，厚度为 840m。

23. Las Piedras 组（梅辛期—皮亚森兹期）

Las Piedras 组最厚处为 1300m，由河流相砂岩及少量薄层页岩组成，含干旱、半咸水生物群落化石，与上覆 Mesa 组整合接触，与下伏 Freites 组、La Pica 组整合接触。在 LPD-1 井（N 09°39′59.950″、W 063°21′23.880″）钻遇，顶深 275m，厚度为 1005m。

24. Paria 组（上新统—更新统）

Paria 组厚度为 374~550m，由三角洲平原砂页岩构成，与下伏 Las Piedras 组地层整合接触，Amacuro 三角洲 Paria-1 井钻遇该组地层。

25. Quiriquire 组（赞克尔阶—皮亚森兹阶）

Quiriquire 组最厚处为 1500m，由河流相砾岩、砂岩、页岩、粉砂岩组成，局限于东委内瑞拉盆地北部，含淡水软体生物化石，与上覆 Mesa 组不整合接触。

26. Mesa 组（卡拉布里亚阶—全新统）

Mesa 组最厚处为 5000m，由陆相、深海相砂岩、页岩组成，与下伏 Las Piedras 组、Quiriquire 组不整合接触。

3.1.2 盆地油气勘探开发概况

东委内瑞拉盆地的油气勘探始于 18 世纪 90 年代，主要集中于盆地北部，特别是沿塞拉尼亚内山脉南翼。1912~1913 年 Bermudez 公司在盆地基里基雷西北 25km 的 Guanoco 沥青湖取得首个发现。此后几年，在这个地区完成了多口探井。1928 年，在 Guanoco 东南 25km 发现 Quiriquire 油田。在盆地东部勘探取得成功的同时，Mene Grande 石油公司和 Gulf 石油公司的地质学家将勘探重点西移至缺少油气苗显示但明显存在隆起的 Anxoategui 州 Anaco 地区。1931 年完成了一维地震测线工作。1941 年发现了最大的陆上天然气藏——Santa Barbarar 气藏；1988 年在同一地区更深处发现了 Tejero 油田。19 世纪 50 年代加大了对东委内瑞拉盆地的勘探力度，完成了众多探井，成为委内瑞拉油气发现最多的时期，据 IHS 统计，完成了 540 口探井，获得 180 个油气发现。其后，钻探工作下降，直至 1982 年回升。1980～1982 年，完成新油田探井 40 口。19 世纪 90 年代，完成 365 口探井，总进尺 1027250m，获得 13 个油气发现。2000～2007 年，完成了 105 口井，仅获得 1 个油气发现（Tiznado 气田）。海上先后完成了 22 口探井，获得 7 个油气发现，分别为：1980 年 Morro 1、1981 年 EBC-2X、1998 年 Morocoto 1X、1992 年 Corocoro、2001 年 Punta Sur 1X、2004 年 Tiburon 1X、2005 年 Macuira 1X。其中 Corocoro 是最大的海上油田，EBC-2X 是最大的海上气田。

自 1970 年来，东委内瑞拉盆地陆上共完成二维地震勘探 76000km，三维地震 35770km^2。海上地震勘探工作量相对较少，其中二维地震勘探 4000km，三维地震勘探 6500km^2。2006 年 12 月在海上三号区块东南部进行了 314km^2 三维地震勘探，计划在 Plataforma Deltana 区完成 625km^2 三维地震勘探。

总体上讲，东委内瑞拉盆地属于成熟的油气勘探盆地，自 1931 年来共完成了新油田探井 1300 口及其他类型的探井 7000 口，获得了 335 个油气田。最终石油储量为 71796.37MMbo，凝析油储量为 2053.01MMbo，天然气储量为 118455.96Bscf。油气丰度：石油和凝析油为 345124bbl/km^2，天然气为 627MMscf/km^2，油当量为 449547boe/km^2。

3.2　油气地质特征

3.2.1　烃源岩

上白垩统 Guayuta 群（Querecual 组、San Antonio 组，同时代的 Tigre 组部分）为东委内瑞拉盆地的主要烃源岩层（如图 3-2、3-3 所示），主要见于盆地北部地区的褶皱造山带和逆冲褶皱带，盆地南部缺失，厚度大于 500m。Querecual 组中的碳酸盐岩和页岩都为极好的烃源岩，总有机成碳含量介于 0.25%～6.6%，生烃潜力达到 5mgHC/g。盆地北部达到过成熟，盆地南部低成熟。烃源岩有机质类型分为三类：A 类，腐泥质达 85%，主要分布在 Serrania del Interior 北部；B 类，腐泥质达 60%，腐植质小于 30%，分布于 Pirital 和 El Furrial 逆冲带及与 Querecual 同时代弱变形区；C 类，为 A 类和 B 类的混合型，主要分布于盆地南部地区。San Antonio 组中的碳酸盐岩和页岩与 Querecual 组相似，主要是陆源占大部分的混合型，生烃潜力达到 2mgHC/g。

与 Guayuta 群同时代的 Tigre 组中的灰岩和页岩有机碳含量介于 0.23%～3%，Ⅱ型干酪根达 80%～90%，盆地北部达到过成熟。

Carapita 组零星分布的页岩也可以成为烃源岩，有机质类型为以陆相为主的混合型，其平均有机碳含量达 2%，生烃潜力达 2~5mgHC/g，主要分布于盆地弱变形区。

3.2.2　储层

东委内瑞拉盆地有多套储集层，主要的储集层有：Tigre 组中的砂岩和灰岩；Querecual 组中的灰岩，San Antonio 组中的砂岩，San Juan 组中的砂岩，La Pascua 组中的砂岩，Roblecito 组中的砂岩，Los Jabillos 组中的砂岩，Naricual 组中的砂岩，Carapita 组中的砂岩，Merecure 组中的砂岩，Oficina 组中的砂岩，Chaguaramas 组中的砂岩，La Pica 组中的砂岩，Quiriquire 组中的砂岩（如图 3-2、3-3 所示）。

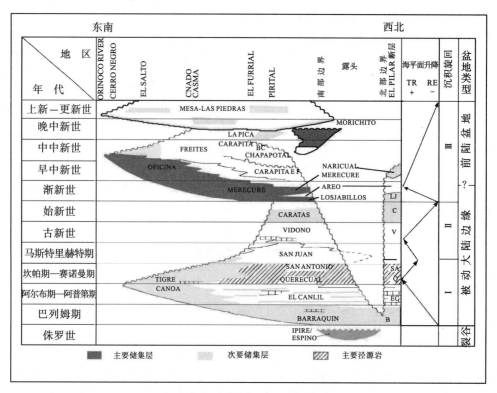

图 3-3　东委内瑞拉盆地成藏组合图

（1）Tigre 组 La Cruz 段是瓜里科（Guarico）次盆地中的次要储层。Infante 段灰岩是 Mercedes 油田和 Yucal-Placer 油田的产层，为灰褐色致密含化石海绿石灰岩，形成于碳酸盐岩台地和滨海。

（2）Querecual 组的灰岩储层和 San Antonio 组的砂岩储层在瓜里科（Guarico）次盆地和马图林（Maturin）次盆地中都有分布。

（3）La Pascua 组砂岩储层局限于盆地西部，为海上台地横向连接的滩坝，局部与分流河道相连。灰色河道砂岩孔隙度低，储层分为九个独立的砂体单元，总厚度为 125m，孔隙度介于 5%～24%，渗透率最高可达 2033mD。主力储层单元有 P-2/3、P-4、P-5，其中 P-4 储层单元往往能形成最大油藏，如 Yucal-Placer 油田。

（4）Roblecito 组（盆地东部 Los Jabillos）薄层砂岩储层的孔隙类型为粒间溶孔，孔隙度介于 7%～18%，渗透率介于 30～115mD，储层厚度由南向北增加，孔隙度、渗透率减小。其成因是早期圈闭和油水界面引起的化学组分和成岩作用的差异。储层可分为 R-24、R-26、R-38、R-54、R-56 单元。

（5）Naricual 组储层由近滨及海滩、泻湖向长的海岸砂坝相分选良好的高岭石胶结砂岩组成，储层主要见于盆地北部 Furrial 油气聚集带。储层净厚 549m，孔隙类型为粒间、粒内溶孔和原生粒间孔，孔隙度介于 6%～21%（平均 13%），渗透率介于 3～2000mD。

（6）Carapita 组砂岩储层形成于开阔陆棚至深海相细－中粒砂岩，厚度为 30～61m，有效产层厚 49m，可以分为 A、B、C 三段。单个砂体可延续几公里。储层孔隙度为 13%，渗透率为 20～50mD，储层岩芯裂缝发育，75% 以上裂缝开启，多发育于致密胶结良好的砂岩，裂缝间距为每条 0.15m，Carapita 组储层，在钻井中经常出现井漏。

（7）Merecure 组和 Oficina 组极细－粗粒石英岩屑砂岩储层，形成于河控三角洲－浅海陆棚。储层局限于 EL Furrial 以南的盆地南部（如图 3-2 所示），是盆地内包括重油带在内的最大油气储量富集层位。储层的各种参数变化幅度极大，孔隙度介于 9%～34%，渗透率介于 20～5000mD。高孔隙度是由碳酸盐溶蚀形成的次生溶孔或砂岩弱胶结形成。储集砂体主要是河道、分流河道、水下分流河道及河口坝。储层厚度总体上由南向北增厚，厚度介于 151～366m。

（8）San Juan 组厚层砂岩储层形成于陆棚区，为细－中粒石英砂岩，孔隙类型为粒间孔或粒间溶孔，平均孔隙度 9%，渗透率介于 0.9～2.2mD。见于 Orocual 组、La Ceiba 组、Santa Barbara 油田。

3.2.3　盖层

东委内瑞拉盆地大多数盖层都是与同组储层互层的页岩、褐煤或者黏土岩。在奥里诺科重油带，纵向的封盖单元为层内页岩和上覆 Freites 组页岩，侧向上倾方向重油和沥青封堵也是重要的成藏因素（如图 3-2、3-3 所示）。

古近系和新近系砂岩储层沉积后不久即被层内上覆页岩或黏土岩层所封盖。白垩系碳酸盐岩储层沉积后不久即被层内上覆致密碳酸盐岩或页岩所封盖。但重油带中 Temblador 群和 Oficina 组砂岩储层被上覆页岩和生物降解、原油变质及沥青塞所封盖。重油带 Freites 及其上地层封盖形成于中－晚中新世，重油的分馏发生于早－中中新世。主要盖层如下（如图 3-2、3-3 所示）。

（1）晚白垩世 Temblador 群和 Guayuta 群盖层为与储层互层的页岩和灰岩。

（2）古新世—始新世 San Juan 组、Caratas 组、Vidono 组页岩形成组内封盖和对下伏地层的封盖。

（3）渐新世 Roblecito/La Pascua 组层内页岩形成对组内储层的封盖。

（4）晚渐新世—中中新世 Carapita 组页岩是对层内和 Naricual 组储层形成极好封盖。

（5）中中新世—晚中新世 Freites 组页岩对下伏储层形成极好的封盖。

（6）晚中新世 La Pica 组页岩形成好的局部封盖。

（7）晚中新世—晚上新世 Las Piedras 组含褐煤的页岩构成层内和下伏储层封盖。

3.2.4　圈闭

东委内瑞拉盆地圈闭类型多样,有构造(背斜、断块、断层等)圈闭、地层圈闭、岩性圈闭,以及地层-构造复合圈闭等。圈闭形成时间跨度大:从早白垩世至今都有形成,但主要形成于渐新世—上新世(如图 3-2、3-3 所示)。

1. 地层-构造圈闭

东委内瑞拉盆地中的地层-构造圈闭存在于多个层位中,分别为:Naricual 组、Oficina 组、Roblecito/La Pascua 组、San Juan 组、Temblador 群、Upper Miocene-Pliocene 组。Oficina 组地层-构造圈闭最重要,在东委内瑞拉盆地有 205 个油气发现;其石油储量为 19262.93MMbo,占盆地储量的 27%,凝析油储量为 502.38MMbo 占盆地储量的 24%,天然气储量为 42789.65Bscf,占盆地储量的 36%。该地层形成于渐新世早期—中新世中期,构造形成于渐新世晚期—全新世,由正断层下盘和逆断层上盘背斜与透镜状、河道带状砂体尖灭的页岩封堵及渗透性阻隔共同形成圈闭。

2. 构造圈闭

东委内瑞拉盆地中构造圈闭样式多样,包括背斜圈闭、断层(正断层、逆冲断层、走滑断层)圈闭、断块圈闭等,存在于盆地内多套地层中。Naricual 组构造圈闭最为重要,其石油储量为 7921.99MMbo,占盆地储量的 11%,凝析油储量为 853.11MMbo,占盆地储量的 42%,天然气储量为 24646.09Bscf,占盆地储量的 21%。Carito 油田为 WSW-ENE 向 Santa Barbara-Boqueron 油气带中的一个 Naricual 组产层油田,主体为一逆冲断弯背斜,面积为 98km²,闭合高度达 975m。背斜为几条大断层及 Pirital 逆冲断层序列相关的逆冲断层分割成四个部分。圈闭的最高点位于 Carito 西,海拔为 -3536m,Carito 中油水界面位于海拔 -5055m 处,油气柱高度达 1520m。

3. 地层圈闭

东委内瑞拉盆地的 La Pica 组、Quiriquire 组、Roblecito/La Pascua 组、Oficina 组中发育地层圈闭,其油气储量都很小,不到盆地油气储量的 1%。Orinoco 重油带(如图 1-1 所示)圈闭主要是地层圈闭,部分为正断层改造。Orinoco 重油带 Carabobo 地区是地层尖灭形成的圈闭,Oficina 组为北倾(倾角 3°~4°)单斜地层,被 W-E 和 SW-NE 走向的北倾正断层所分割。

3.2.5　成藏组合

东委内瑞拉盆地以储层为核心,按储层可以分为 Naricual 组、Oficina 组、Roblecito/La Pascua 组、San Juan 组、Temblador 群和上中新统—上新统成藏组(如图 3-2、3-3 所示)。每个组(群)中成藏组合又可分为构造、地层-构造、地层等不同类型的成藏组合。所有成藏组合的烃源都来自 Guayuta 群中的烃源岩。Oficina 组地层－构造成藏组合和 Naricual 组构造成藏组合是东委内瑞拉盆地最重要的两个成藏组合，两个成藏组合的石油储量为27184.92MMbo，占盆地储量的38%，凝析油储量为1355.47MMbo，占盆地储量的66%，天然气储量为67435.74Bscf，占盆地储量的57%。

(1)Oficina 组地层－构造成藏组合，属于 Guayuta-Oficina 含油气系统，储层由 Merecure 组、Chaguaramas 组、Oficina 组层内的砂岩构成，盖层由同层位中的泥页岩构成，圈闭类型为构造(断层、背斜等)与地层(沉积相变、地层尖灭、透镜体等)联合形成圈闭，主要分布于盆地中心部位。

(2)Naricual 组构造成藏组合，属于 Guayuta-Oficina 含油气系统，储层为 Naricual 组砂岩和少量灰岩，圈闭类型多样(背斜、平卧褶皱、断层)，Naricual 组构造成藏组合单个油藏储量大，主要分布于 EL Furrial 油气聚集带。

3.3 盆地演化与含油气系统

3.3.1 沉积演化

东委内瑞拉盆地的沉积演化受控于南美洲北部的板块构造演化，整个盆地的沉积演化可分为三叠纪—侏罗纪的陆内裂谷沉积、早白垩世巴雷姆期—晚白垩世马斯特里赫特期第一个海进－海退旋回、晚白垩世马斯特里赫特期—渐新世晚期第二个海进－海退旋回、渐新世晚期—上新世第三个海进－海退旋回(如图 3-2、3-3 所示)。

(1)三叠纪—侏罗纪的陆内裂谷沉积了 La Quinta 组，分布于 ENE-WSW 向的地堑或半地堑中，特别是盆地的西部次盆地中。La Quinta 组地层主要为陆内裂谷性红色泥页岩、蒸发岩及玄武岩。

(2)早白垩纪巴雷姆期—晚白垩世马斯特里赫特期海进－海退旋回初始海泛期底部沉积了 Barranquin 组河流三角洲砂岩，其上盆地北部 El Cantil 组为浅海泥页岩、粒泥灰岩及泥粒灰岩(如图 3-4 所示)。阿普特期—土仑期为最大海侵期，沉积了深海－半深海富有机质 Querecual 组和 San Antonio 组灰岩和泥页岩，为盆地中最主要烃源岩。盆地南部则沉积了 Tigre 组和 Canoa 组滨海砂岩。马斯特里赫特期早期海退过程中，物源来自西南部的圭亚那地盾，由南向北分别为河流相、三角洲相、外陆棚相及深海相，主要沉积了 San Juan 组水下扇、三角洲或海湾砂岩，成为盆地中 Monagas 山前 Orocual 油田的主要储层(如图 3-2 所示)。

(3)晚白垩世马斯特里赫特期—始新世晚期第二个海进－海退旋回，海侵始于马斯特里赫特期早期，古近世中期达到最大海侵，至始新世晚期海退结束。古近世物源来自于南部，由南向北，沉积相由河流相递变为三角洲相、外陆棚相及深海相，沉积岩由 San Juan 组砂岩递变为 Vidono 组黑色页岩(如图 3-4 所示)。始新世时期，盆地北部出现了孤立碳酸盐岩台地相，物源来自于南部和西北部(如图 3-5 所示)，沉积了 Caretas 组的陆棚、前三角洲泥页岩及碳酸盐岩。

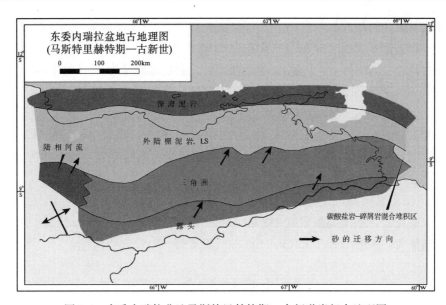

图 3-4　东委内瑞拉盆地马斯特里赫特期—古新世岩相古地理图

（资料来源：*Petroconsultants S.A.*，2007）

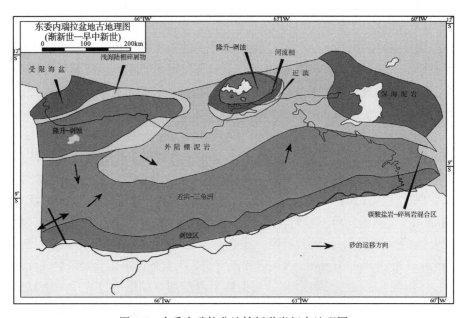

图 3-5　东委内瑞拉盆地始新世岩相古地理图

（资料来源：*Petroconsultants S.A.*，2007）

　　（4）渐新世晚期—上新世第三个海进－海退旋回，渐新世—早中新世海侵期主要物源来自于西北部、北部及南部。南部主要为河流相和三角洲相沉积，沉积了 Naricual 组和 Merecure 组三角洲相及近滨砂岩，成为盆地最优的储层（如图 3-6 所示）。中中新世—晚中新世处于海退期，东委内瑞拉盆地沉积物源方向多样，沉积相错综复杂，盆地西南部主要为陆相河流沉积，中部为近滨和浅水陆棚相碎屑岩沉积（Oficina 组），盆地的北部及东部为外陆棚和深海泥页岩沉积（如图 3-7 所示）。Merecure 组和 Oficina 组砂岩构成了东委内瑞拉盆地主要的储层。

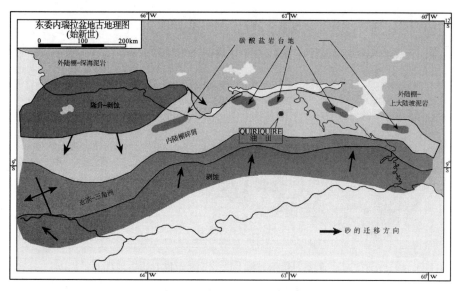

图 3-6　东委内瑞拉盆地渐新世—早中新世岩相古地理图

(资料来源：*Petroconsultants S.A.*，2007)

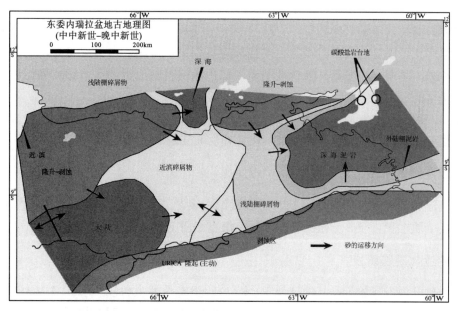

图 3-7　东委内瑞拉盆地中中新世—晚中新世岩相古地理图

(资料来源：*Petroconsultants S.A.*，2007)

(5)上新世—全新世也处于海退期，东委内瑞拉盆地物源多样，盆地主体为陆相河流沉积及海陆交互相三角洲沉积(如图 3-8 所示)。

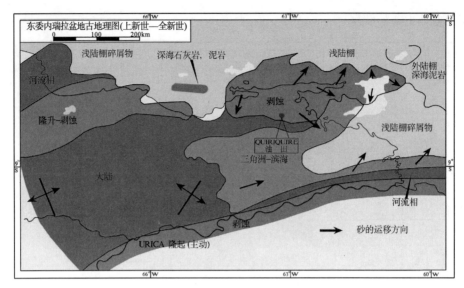

图 3-8　东委内瑞拉盆地上新世—全新世岩相古地理图

(资料来源：*Petroconsultants S.A.*，2007)

3.3.2　构造演化及构造特征

东委内瑞拉盆地的演化始于泛大陆的裂解，受控于南美洲板块北部的演化。南美洲板块北部演化可以分为四个阶段：古生代前裂谷期；侏罗纪—白垩纪初与泛大陆裂解相关的裂谷和漂移期；白垩纪—渐新世被动大陆边缘期；新近纪和第四纪加勒比板块与南美洲板块斜向穿时碰撞期。

东委内瑞拉盆地的构造演化可以分为：基底形成阶段、中生代裂谷阶段、晚中生代坳陷阶段、初始挤压阶段、早期前陆阶段、晚期前陆阶段。

1. 基底形成阶段

基底形成于前寒武纪—空谷期，前寒武纪主要是圭亚那地盾变质、变形的片麻岩、花岗岩、变质沉积岩及其上覆的轻微变质或没有变质的古生代沉积岩及火成岩。

2. 中生代裂谷阶段

中生代陆内裂谷始阶段从中三叠世(安尼期)至晚侏罗世(提塘期)。在中大西洋打开的板块构造背景下，形成了一系列的北东-南西向地堑(如瓜里科次盆地埃斯皮诺地堑)，充填了 La Quinta 组的红层和玄武岩。

3. 晚中生代坳陷阶段

中生代坳陷阶段从下白垩世(欧特里夫期)至晚白垩世(坎潘期)。早白垩世中大西洋完全打开，南美洲北部沿岸为被动大陆边缘，盆地表现为坳陷沉积，沉积相变大，由南至北为陆相-陆棚相(碳酸盐岩台地相)-半深海相-深海相，岩石类型有碎屑岩、碳酸盐岩及泥岩等。

4. 初始挤压阶段

初始挤压阶段从晚白垩世(马斯特里赫特期)至始新世(巴尔通期)。加勒比板块碰撞上委内瑞拉的西北部形成前陆逆冲汇聚边缘,并在东委内瑞拉盆地西部形成前渊。至始新世板块边缘成为右旋走滑压扭性边缘,前期形成的岛弧在委内瑞拉西部碰撞上被动大陆边缘。沉积岩砂泥比显著增加,逆冲席前常形成重力流沉积体并被后期的薄皮逆冲席所覆盖,安索阿特吉省钻井多有揭露。

5. 早期前陆阶段

早期前陆阶段从渐新世(鲁塔尔期)至中新世(塞拉瓦尔期)。南美洲板块向加勒比板块俯冲导致南美洲板块沿委内瑞拉北部边缘挠曲,在盆地南部前缘隆起略微抬升并剥蚀。前缘隆起的东南方向的迁移形成穿时的不整合。与挠曲相关的大量的张性断层表明北东-南西向的拉张环境。沉积中心附着加勒比板块沿海岸边缘右行,盆地的沉积中心和沉降中心都向东迁移,沿拉克鲁斯内山脉东部见最厚沉积。在此期间,加勒比海岸山脉区及内山脉中带逆冲席被剥蚀并准平原化。

6. 晚期前陆阶段

晚期前陆阶段从中新世托尔道期至全新世。加勒比板块继续沿海岸右行,内山脉东部继续向东南方向逆冲,前渊向南推进,东委内瑞拉盆地北部抬升成山脉,盆地大部成陆内湖盆。

东委内瑞拉盆地构造单元可以划分为(如图 3-1 所示):褶皱逆冲(造山带)带、逆冲褶皱带、前渊拉张单斜区。

褶皱逆冲(造山带)带位于内山脉(异位挤压变形区中的山区)及海上(如图 3-1 所示),为不同时代逆冲席构成。

前陆逆冲褶皱带介于内山脉边缘与阿纳科逆冲断层(瓜里科次盆地)和弗朗塔尔逆冲断层(马图林次盆地)间,主要由逆冲褶皱构成。

前渊拉张单斜区位于阿纳科逆冲断层(瓜里科次盆地)和弗朗塔尔逆冲断层(马图林次盆地)以南包括奥里诺科重油带,无挤压变形构造的单斜区。

3.3.3　油气生成、运移

1. 烃源岩演化

Guayuta 群(Querecual 组、San Antonio 组,同时代的 Tigre 组部分)为东委内瑞拉盆地的主要烃源岩层。其成熟演化受控于盆地的发展演化,表现出分带性和分时性。

Guayuta 群(Querecual 组、San Antonio 组,同时代的 Tigre 组部分)现今镜质体反射率(Ro)中部和北部都大于 0.5%,达到成熟、过成熟,西北部的成熟度高东南部的成熟度低。Guayuta群烃源岩的演化受盆地的演化控制，具有分时、分区性。五口井的烃源岩埋藏史表明Guayuta群烃源的演化总体上可以分为两大阶段：被动大陆边缘期的持续缓慢埋藏阶段和前陆盆地期的快速埋藏阶段。东委内瑞拉盆地Guayuta烃源岩的成熟是呈条带状由西北向东南逐渐成熟（如图3-9所示）。

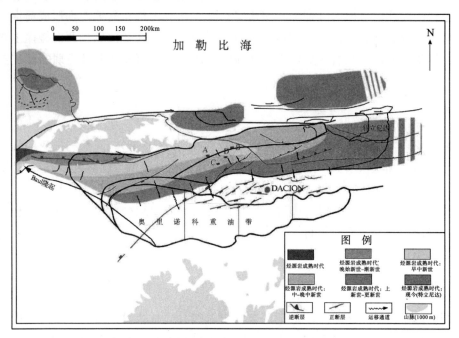

图3-9　东委内瑞拉盆地Guayuta群烃源岩区带生烃高峰期及烃运移指向图

（资料来源：*Petroconsultants S.A.*，2007）

2. 油气运移

东委内瑞拉盆地Guayuta群烃源岩排烃与运移受盆地的演化控制，可分成两个阶段：被动大陆边缘阶段和前陆盆地阶段。

1）被动大陆边缘阶段

盆地北部地层逆冲前的烃源岩的演化与烃类的运移发生于早中新世末以前，通过平衡剖面恢复模拟了烃源岩的演化和烃类运移。

逆冲前烃类的排出始于古近纪早期。烃类运移的第一阶段是向EL Cantil组和Barranquin组储层排烃运移，第二阶段于早中新世初（被动大陆边缘期末）向Merecure组储层排烃和运移，进入储层的烃在同层位内由北向南运移。早中新世末烃源岩的转化率介于10%～55%，说明在逆冲期间及期后还有大量残余的烃类生成和排出。

2）前陆盆地阶段

早中新世末东委内瑞拉盆地演化进入前陆盆地演化阶段，盆地前渊自北向南迁移，烃源快速埋深成熟并排烃并向Merecure组（Oficina组）储层运移，源岩与储层的沟通通道为一系列的断层（逆冲断层、正断层，正反转断层），同时进入储层的烃类于层内由北向南运移。东委内瑞拉盆地的水动力系统的演化以El Furrial逆冲断层和Pirital逆冲断层的形成为分为两个阶段。第一个阶段，Serrania del Interior和西部的古高地的大气淡水充注于拉斯彼德拉斯和渐新世—中新世两套含水层系。两套含水层系的泄水区主要位于奥里诺科河河岸。盆地的深部泄水系统汇水指向为自北而南，浅部汇水系统在盆地南部和西部地区则表现为自西向东。奥里诺科深浅泄水系统的垂向沟通，奥里诺科重油带下部渐新世-中新世泄水系统的方向也是自西向东。第二个阶段，两个逆冲断层系的形成，深部泄水系统不再连续，浅部的泄水系统未变而深部泄水系统则发生了重组。盆地东部地区存在一个原生水充注，原生水来自于前渊巨厚的沉积岩的压榨水。El Furrial-Orocual 逆冲断层孤立混合水单元表现为异常高压区，奥里诺科重油带未有变化，大气淡水仍然是从梅萨高地运移至奥里诺科河河岸。

受盆地水动力系统的控制，有两期烃类的运移。第一期（被动大陆边缘期），受北部抬升造山形成的高势能差作用烃类快速由北向南运移至奥里诺科油田区，盆地广泛分布的"沥青"和生物降解重油即为此期产物。第二期（前陆盆地期），缺乏强的水动力，新生成的烃类运移仅限于 Onado-Aguasay 和北部地区。烃类的运移指向为东西向。西部和西南部新生成的烃类受梅萨高地大气淡水渗滤影响处于生物降解中。

3. 含油气系统

东委内瑞拉盆地存在两个含油气系统：瓜里科次盆地中的 Querecual-Chaguaramas（!）含油气系统和马图林次盆地的 Guayuta-Oficina（!）含油气系统。

（1）瓜里科次盆地中的 Querecual-Chaguaramas（!）含油气系统烃源岩为上白垩统 Querecual 组陆棚相黑色页岩、含沥青灰岩，储层为渐新世 Chaguaramas 组河流相、湖相砂岩，盖层为渐新世层内泥页岩，圈闭主要为构造-地层圈闭，形成于渐新世至今，烃类的生成、运移与聚集自渐新世中期至今（如图 3-10 所示）。

（2）马图林次盆地中的 Guayuta-Oficina（!）含油气系统烃源岩为上白垩统 Guayuta 群 Querecual 组和 San Antonio 组陆棚相黑色页岩、含沥青灰岩，储层为渐新世—中新世的 Merecure 组和 Oficina 组河控三角洲相极细-粗粒石英岩屑砂岩，盖层为储层同时代层内泥页岩，圈闭主要为构造-地层圈闭（如图 3-10 所示）。

综合研究东委内瑞拉盆地构造、沉积演化史、生、储、盖、圈、运、保及各成藏要素的匹配关系，认为东委内瑞拉盆地控制油气成藏的关键因素是烃源、圈闭条件和保存条件（如图 3-11 所示）。北部隆升带保存条件差，不具成藏条件。逆冲褶皱带，圈闭条件、保存条件及与烃源匹配关系好，可以形成规模较大的油气藏。前陆盆地斜坡带，圈闭类型主要为断层与地层联合形成的构造-岩性油圈闭，保存条件及与烃源的匹配关系较好，通过大规模侧向运移，形成了大规模的油气聚集。奥里诺科重油带，主要的圈闭类型是原油的水洗、氧化形成的地层上倾沥青封堵和上覆及同层地层、岩性圈闭，形成重油油气藏。

根据东委内瑞拉盆地成藏条件及油气勘探实践，可以将东委内瑞拉盆地分为三个油气有利富集带（如图 3-12、3-13 所示），逆冲褶皱油气聚集带、前陆盆地斜坡油气聚集带及奥里诺科重油带。

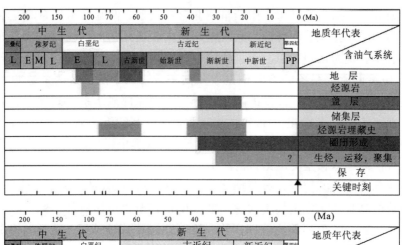

图 3-10　瓜里科次盆地 Querecual-Chaguaramas（!）含油气系统事件图及马图林次盆地 Guayuta-Oficina（!）含油气系统事件图

（资料来源：*Petroconsultants S.A.*，2007）

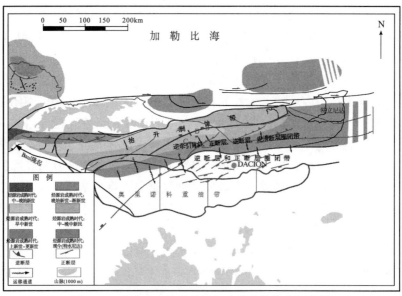

图 3-11　东委内瑞拉盆地油气地质条件综合评价图

（资料来源：*Petroconsultants S.A.*，2007）

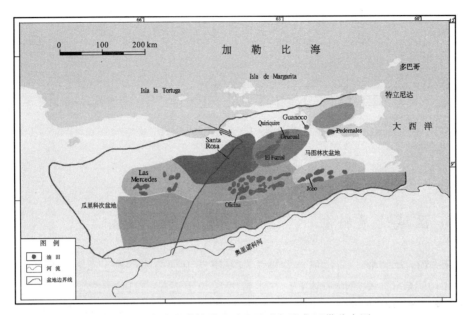

图 3-12　东委内瑞拉盆地油田及油气聚集区带分布图

（资料来源：*Petroconsultants S.A.*，2007）

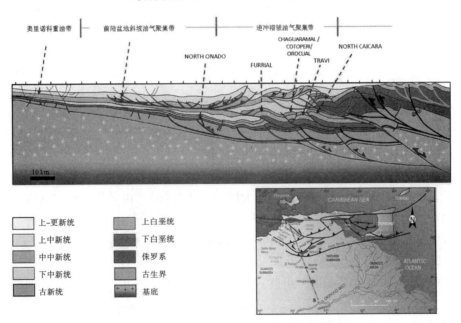

图 3-13　东委内瑞拉盆地油气聚集带剖面图

（资料来源：*Petroconsultants S.A.*，2007）

第4章 普图马约−奥连特−马拉尼翁盆地

4.1 盆地概况

4.1.1 区域地质特征

普图马约−奥连特−马拉尼翁盆地为与安第斯山脉前缘平行的大型前陆盆地。盆地面积约 394053km²，全部位于陆上，其中普图马约主要位于哥伦比亚，奥连特主要位于厄瓜多尔，马拉尼翁主要位于秘鲁。盆地东至巴西地盾（圭亚那地盾），西至安第斯山脉，北以 Vaupes 和 Macarena 隆起与 Llanos/Barinas-Apure 盆地相隔，Contaya 隆起形成了盆地南部的边界（如图 4-1、4-2、4-3 所示）盆地主要的沉降中心位于西部，沉积层序向东超覆在巴西地盾（圭亚那地盾）之上，地层厚度向东逐渐减薄（如图 4-4 所示）。

1. 前白垩系沉积层序

（1）罗德洛夫阶—法门阶 Pumbuiza 组（Cabanillas 群）。沉积环境为海相沉积（开阔海），由石英砂岩、板岩、灰岩、页岩、盐岩和白云岩组成，发育有舌形贝属等化石。与上覆的 Macuma 组呈不整合接触，与下伏的基底也呈不整合接触。出露于 Macuma 河的支流 Rio Pumbuiza，位于 Sierra Cutucu 北部 Macuma1 以西约 30km 处。

（2）巴什基尔阶—空谷阶 Macuma 组（Mitu/Ene 组、Copacabana 组、Tarma 组），平均厚度约 1450m，为海相沉积（开阔海，大陆坡至大陆架），由页岩、碳酸盐岩和砂岩组成，发育有腕足、苔藓动物门、藻类、海百合和介形动物等生物化石。该组与上覆的 Santiago 组呈不整合接触，与下伏的 Pumbuiza 组也呈不整合接触，出露于 Sierra de Cucuta 的 Macuam1 以西大约 26km 处。

（3）埃唐阶—阿林阶 Santiago 组（Payande 组），厚度介于 1500~2700m，为海相沉积（浅海），开阔海，陆棚至泻湖沉积，由页岩、钙质砂岩、沥青质碳酸盐岩、喷出火山岩和蒸发岩组成，发育有双壳类、鱼类、放射虫目和菊石等化石。该组与上覆的 Chapiza 组呈不整合接触，与下伏的基底呈不整合接触、Macuma 组呈整合−不整合接触，出露于 Sierra Cutucu 南部。

（4）巴柔阶—凡兰吟阶 Chapiza 组（Motema 组、Sarayaquillo 组），最大厚度为 2400m，为陆相沉积（河流相），由砂岩、页岩、石膏、硬石膏、石盐和喷出火山岩组成，发育有植物化石。该组与上覆的 Hollin 组呈整合−不整合接触，与下伏的 Santiago 组呈整合接触，出露于 Chapiza 河和 Yapi 河之间的 Yaupi 村以北−西北 25~31km 处。

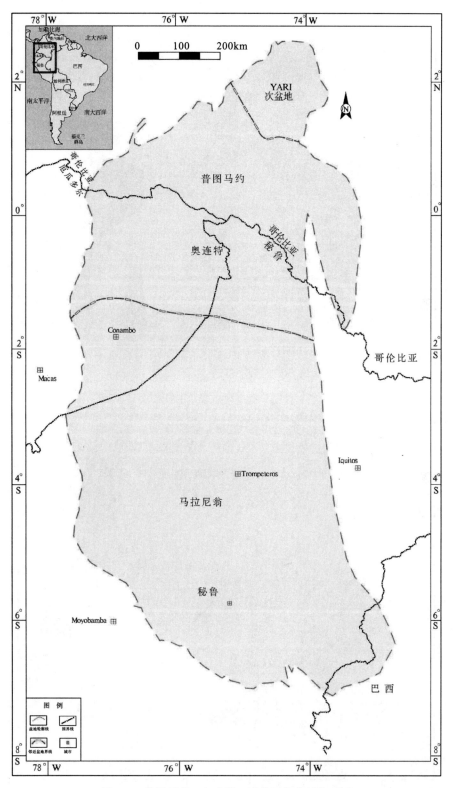

图 4-1　普图马约－奥连特－马拉尼翁盆地位置图

（资料来源：*Petroconsultants S.A.* 和 *IHS ENERGY*，2007）

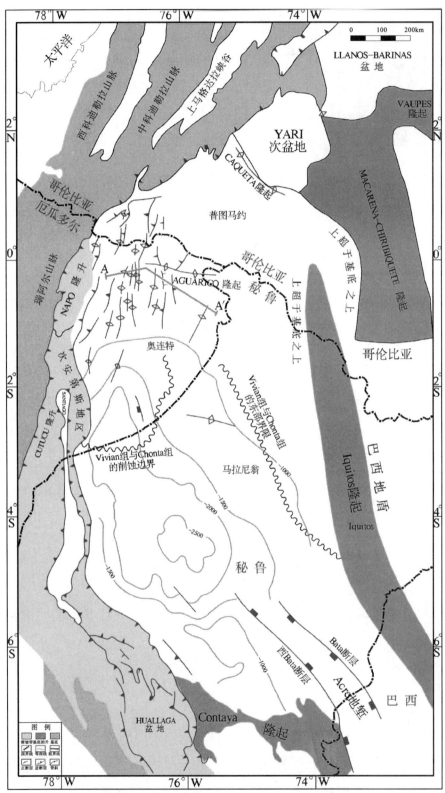

图 4-2　普图马约－奥连特－马拉尼翁盆地构造格架图

(资料来源: *Petroconsultants S.A.* 和 *IHS ENERGY*, 2007)

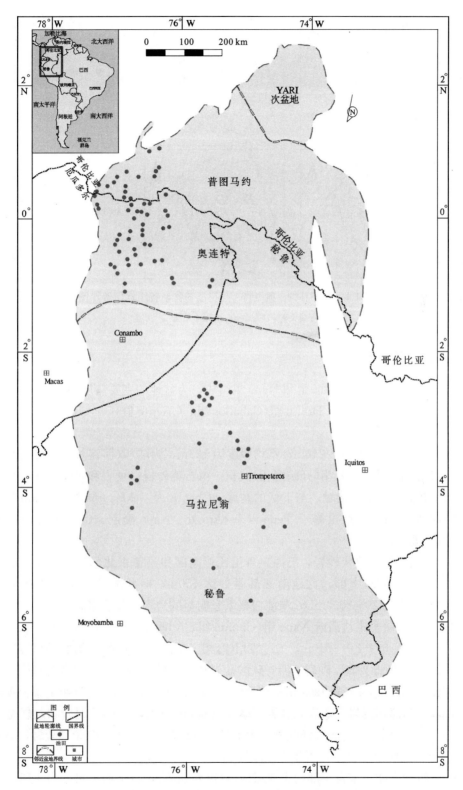

图 4-3　普图马约—奥连特—马拉尼翁盆地油田位置图

(资料来源：*Petroconsultants S.A.* 和 *IHS ENERGY*，2007)

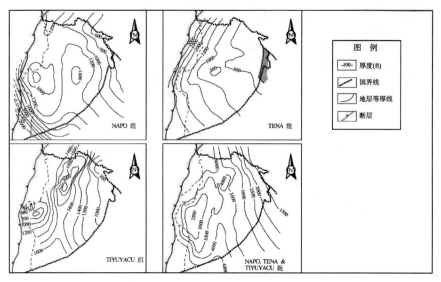

图 4-4　普图马约－奥连特－马拉尼翁盆地各组地层等厚图

(资料来源：*Petroconsultants S.A.*，2007)

2. 白垩系沉积层序

白垩系沉积层序由 Hollin 组和 Napo 组组成，为盆地的主要储层和含油气层。

1)阿普特阶—阿尔布阶 Hollin 组(Caballos 组、Oriente 群〈Cushabatay 组、Raya 组、Agua Caliente 组〉)

Hollin 组厚度介于 80~240m，平均厚度为 125m，为陆相(河流相)，过渡相沉积(滨岸相，三角洲平原相)，海相(开阔海相)沉积，由石英砂岩、页岩和褐煤组成。与上覆的 Napo 组呈整合－不整合接触，与下伏的基底，Chapiza 组，Macuma 组和 Pumbuiza 组都呈不整合接触。Hollin 组出露于 Tena 以东 8km 处、Napo 隆起、Cutucu 隆起及盆地东部的大部分地区。

Hollin 组为均质块状砂岩，巴西、哥伦比亚南部和秘鲁东北部广泛分布。沉积中心位于盆地的西部及西南部，盆地南部最厚处达 150m，向北减薄，孔隙度介于 12%~25%，渗透率介于 20~2000mD，与前白垩系呈明显的角度不整合接触。

2)上阿尔布阶—中坎潘阶 Napo 组(Chonta 组、Vivian 组、Villeta 组)

Napo 组厚度介于 210~910m，为过渡相(海相三角洲，滨岸相)、海相(海相陆棚)和海岸沼泽沉积，由沥青页岩、砂岩、沥青碳酸盐岩和火山碎屑岩组成，发育有双壳类、菊石和有孔虫目等化石。与上覆 Tena 组呈整合－不整合接触，与下伏 Hollin 组呈整合接触。

Napo 组为海相泥岩、灰岩和砂岩，厚度在 600m 以上，组内的泥岩和灰岩是盆地的主要烃源岩，沉积于稳定的海洋陆棚。中上部 Caliza M2 沉积了一套碳酸盐岩，厚度介于 4.6~5.1m，横向分布稳定，可作为区域标志层。

Napo 组砂岩物源来自东部的圭亚那地盾(巴西地盾)，自下而上可分为 4 段：分别是 T 砂岩段、U 砂岩段、M2 和 M1 砂岩段。T 砂岩段为叠置砂岩，总厚度达 80m。砂岩粒度变化较大，单一层段砂岩的分选性较好，为潮道、障壁岛沉积。U 砂岩段类似于 T 砂岩段。M2 砂岩段仅见于盆地东部，为海退沉积。M1 段为粗粒、块状石英砂岩。

3. 白垩纪后沉积层序

新生代地层在盆地最南部厚达 4000～5000m，向北递减至不足 1500m。

古新统 Basal Tena 组（麦斯特里特统 K_3—古新统?）在盆地东部与下伏的 Napo 组呈假整合接触，在西部切割 Napo 组上部地层。Basal Tena 组又称红层，由杂色（以红色为主）陆相和近海相泥岩、粉砂岩组成，局部地区底部发育有一套厚约 10m 的砂岩段，也是盆地的油气产层段之一，盆地西部最厚可达 750m。

4.1.2 盆地油气勘探开发概况

普图马约－奥连特－马拉尼翁盆地油气发现始于 1963 年的 Orite 油田。截至 2005 年，普图马约地区钻探了超过 315 口预探井。普图马约－奥连特地区的勘探已相当成熟，最终估计可采石油储量为 7567.9MMbo、天然气储量为 2185.8Bscf。

截至 2007 年，马拉尼翁地区各类油气预探井 218 口井，获得石油探明含量 2286MMbo，天然气探明含量 142Bscf，油气勘探处于未成熟阶段，勘探前景适中。

4.2 油气地质特征

4.2.1 烃源岩

普图马约－奥连特－马拉尼翁盆地存在两套主要烃源岩——Napo 组和 Pucara 组。Napo 组（Villeta 组、Chonate 组）的上阿尔布阶—上坎潘阶的黑色浅海页岩和沥青质碳酸盐岩是盆地主要的生油和生气的烃源岩。Napo 组的中部和上部烃源岩品质较好，下部烃源岩质量为较差-中等。有机质在东部多为陆源，干酪根类型为 II/III 型干酪根，在西部的少数几口井中也有发现 I 型干酪根。Napo 组的平均总有机碳含量介于 1%～10%，平均约为 2.5%。盆地最好的烃源岩沉积在奥连特盆地的西部，烃源岩层的有效厚度自西而东呈递减趋势。盆地范围外西部地区及盆地内西南部已达成熟，R_o 大于 0.6 进入生油窗。

Pucara 组烃源岩是富含有机质的碳酸盐岩和页岩，主要分布于普图马约－奥连特－马拉尼翁盆地西南部的马拉尼翁地区及盆地西部的出露区。盆地内的 Pucara 组烃源岩目前均已达到热成熟，西南部成熟度高，东北部成熟度低。

4.2.2 储集层

普图马约－奥连特－马拉尼翁盆地发育多套储集层，有 Santiago 组的钙质砂岩、Hollin 组的石英砂岩、Napo 组的砂岩、Villeta 组的砂岩和沥青质碳酸盐岩，Tena 组的砂岩，Rumiyaco 组的砂岩，Tiyuyacu 组的砾岩。白垩系的 Hollin 组（Caballos 组、Oriente 群〈Cushabatay 组、Raya 组、Agua Caliente 组〉)和 Napo 组(Chonta 组、Vivian 组、Villeta 组)的砂岩为盆地主要的储集层，Napo 组(Villeta 组)的碳酸盐岩也可以储存油气。Hollin 组储层和 Napo 组的储层广泛分布于盆地中。三叠系的 Tena 组(Rumiyaco组)和 Tiyuyacu 组(Pepino 组)的碎屑岩也发育有储层(如图 4-5 所示)。

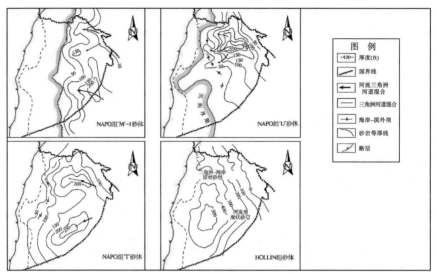

图 4-5 普图马约—奥连特—马拉尼翁盆地 Napo 组各段砂岩等厚图
(资料来源：*Petroconsultants S.A.*，2007)

(1)Hollin 组砂岩大部分沉积环境为河流相到河流—三角洲相，该组底部和顶部的砂岩沉积环境为浅海沉积。Hollin 组砂岩富含石英，孔隙度介于 12%~17%，渗透率介于50~800mD。油气产自 Hollin 组上部和中部的层段，有效厚度可高达 100m。晚白垩世Napo 组储层沉积环境为近滨海相到河流—三角洲相沉积，包括四套主要的砂岩储层(T、U、M2、M1 砂体)和两套碳酸盐岩储层(A 灰岩和 B 灰岩)。

(2)哥伦比亚同期的 Villeta 组有着与 Napo 组储层单元相类似的层序，Napo 组的 M2和 M1 砂体在哥伦比亚被称为 N 砂体。Villeta 组同样发育有三套碳酸盐岩储层，分别是A 灰岩、B 灰岩和 C 灰岩。T 砂体和 U 砂体储层的沉积环境为海湾到近滨海潮汐通道，储层的孔隙度介于 12%~25%，渗透率介于 15~5000mD，产层的有效厚度可高达 75m。

M2 砂体局限于盆地的东部，代表了一次有限的海退事件。M1 砂体由厚层—巨厚层粗粒砂岩组成，其储层孔隙度大于 20%，渗透率大于 1000mD。碳酸盐岩储层的产层有效厚度高达 15m，仅见于 4 个油田。

(3)马斯特里赫特期—古新世 Tena 组(Rumiyaco 组)底砂岩是次要的储集层，沉积环境为海陆交互到陆相沉积，储集层的孔隙度为 13%~20%，渗透率平均值为 200mD。

(4)始新世 Tiyuyacu 组(Pepino 组)中的粗粒砂岩和砾岩中也有发现油气，该组的沉积环境为西部物源区的冲积扇。

4.2.3 盖层

普图马约—奥连特—马拉尼翁盆地发育多套盖层，多为层内区域盖层(如图 4-6 所示)。

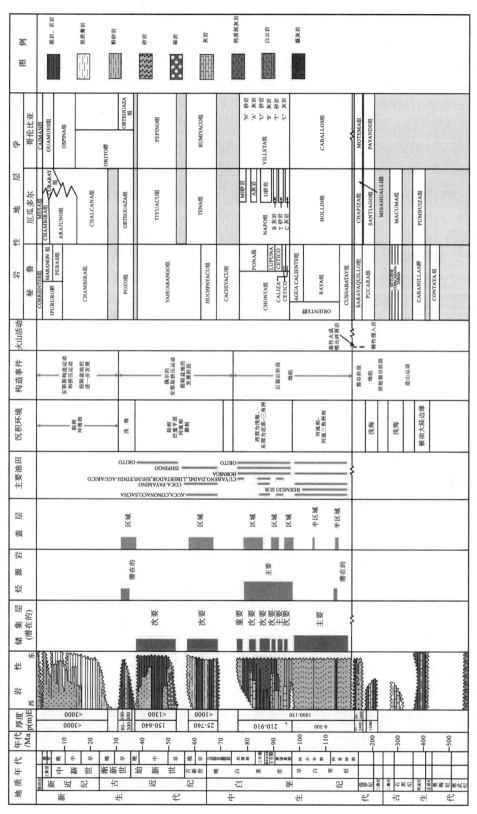

图4-6　普图马约-奥连特-马拉尼翁盆地构造-地层-生储盖组合综合柱状图

（资料来源：IHS ENERGY, 2007）

Tena 组（Rumiyaco 组）的页岩是 Tena 组和下伏 Napo 组储集层的区域盖层。渐新统 Orteguaza 组的页岩作为下伏 Tiyuyacu 组（Pepino 组）储集层的区域盖层。Raya 组（C 灰岩）形成了 Cushabatay 组（Hollin 组）储集层的顶部封盖。Chonta 组下部的灰岩（B 灰岩）形成了 Agua Calienta 组（T 砂岩）储集层的顶部封盖。Chonta 组上部的灰岩（A 灰岩）形成了 Chonta 组砂岩（U 砂岩）储集层的顶部封盖。Yahuarango 组（Tiyuyacu 组）的红层是下伏的下白垩统 Vivian 组储集层主要的区域盖层，也是盆地主要的区域顶部盖层。Pozo 组（Orteguaza 组）的页岩形成了第三系 Pozo 组砂岩储集层的区域盖层。

4.2.4 圈闭

普图马约-奥连特-马拉尼翁盆地自西而东，构造变形逐渐变弱。三叠纪的压实作用与中生代的断裂和沉积披盖作用强烈叠加，在盆地西部表现尤为明显。逆冲断层、逆断层和断层上盘背斜很常见，是主要的圈闭类型。盆地圈闭类型多样，有地层-构造圈闭、构造圈闭（背斜、穹窿、单斜褶皱、平卧褶皱、断层等）、地层圈闭（碎屑沉积物透镜体、沉积相变）等。圈闭形成时间跨度大，阿普特期—渐新世就有，主要形成于马斯特里赫特期—渐新世（如图 4-7 所示）。

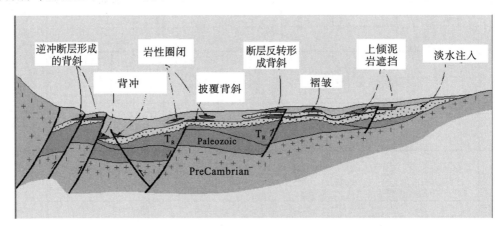

图 4-7　普图马约-奥连特-马拉尼翁盆地圈闭类型及分布剖面图

（资料来源：*Petroconsultants S.A.*，2007）

1. 地层-构造圈闭

地层-构造圈闭存在于多个层位中，如 Hollin 组、Napo 组、Tena 组、Tiyuyacu 组。Napo 组地层-构造圈闭是最重要的圈闭类型。地层部分形成于晚阿尔布期—坎潘期，构造部分形成于马斯特里赫特期—渐新世。圈闭的构造部分通常是背斜。圈闭的地层部分由渗透性阻隔和横向相变构成，包括河道砂体、砂岩尖灭和超覆在基底隆起之上的楔状产出。背斜和断层上盘背斜与河道状砂体尖灭、超覆在基底隆起之上的楔状及渗透性阻隔共同形成圈闭。

2. 构造圈闭

构造圈闭样式多样，有背斜圈闭、断层圈闭、平卧褶皱圈闭、穿窿圈闭等，存在于盆地内多套地层中。圈闭主要形成于马斯特里赫特期—渐新世。圈闭主要为背斜圈闭，由接近南北向的断裂背斜圈闭组成。由披盖作用和压实作用形成的穿窿背斜通常上覆于基底隆起处。逆断层上盘背斜也很常见，它们通常呈梯状分布。

3. 地层圈闭

地层圈闭在 Hollin 组、Napo 组、Tena 组、Tiyuyacu 组中都发育有地层圈闭，其油气储量都很小。

4.2.5　成藏组合

1. 普图马约-奥连特地区的成藏组合

普图马约-奥连特地区发育了 Hollin 组、Napo 组、Tena 组和 Tiyuyacu 组四套成藏组合。烃类主要来自于 Hollin 组中的页岩、Napo 组中的沥青质页岩、Villeta 组中的沥青质页岩和沥青质碳酸盐岩。Hollin 组构造成藏组合和 Napo 组构造成藏组合是奥连特-普图马约地区最重要的两个成藏组合，两个成藏组合的石油储量为 6280.48MMbo，占奥连特-普图马约地区石油储量的 80%，天然气储量为 1953.11Bscf，约占奥连特-普图马地区天然气储量的 87%。

(1) Hollin 组构造成藏组合，属于 Napo-Napo 含油气系统，储层由 Caballos 组、Hollin 组的砂岩构成，盖层由 Hollin 组、Napo 组和 Villeta 群中的页岩构成，圈闭类型多样（穿窿、背斜、断层、平卧褶皱、单斜褶皱和逆断层等）。

(2) Napo 组构造成藏组合，也属于 Napo-Napo 含油气系统，储层为 Napo 组和 Villeta 群的砂岩和碳酸盐岩，圈闭类型多样（背斜、平卧褶皱、穿窿、断层等）。

2. 马拉尼翁地区的成藏组合

马拉尼翁地区发育有三套已经证实的成藏组合：白垩系构造成藏组合、第三系构造成藏组合和白垩系地层-构造成藏组合。

1）白垩系构造成藏组合

白垩系构造成藏组合是马拉尼的盆地最大的成藏组合，它约占马拉尼翁地区油气储量的 75%，包含了安第斯地区 55% 的隐蔽前陆背斜和 20% 的褶皱背斜/逆冲背斜。该成藏组合由白垩系储集层内的页岩和圈闭构成，圈闭通常为平缓的断层上盘反转或是披覆背斜和褶皱背斜/逆冲背斜。

(1) Chonta 点礁地层成藏组合是极具潜力的成藏组合，至今未钻。该成藏组合的储集层为上白垩统 Chonta 组的砂岩，盖层为上白垩统 Chonta 组的灰岩，圈闭为生物礁圈闭，形成于晚白垩世坎潘期。

（2）白垩系砂岩构造成藏组合是马拉尼翁地区最重要的成藏组合。该成藏组合的油储量为 1444.93MMbo，占马拉尼翁地区油储量的 70%，天然气储量为 60.55Bscf，占马拉尼翁地区天然气储量的 43%。该成藏组合的储集层有 Hollin 组的砂岩、白垩纪晚期 Cushabatay 组的砂岩、Chonta 组砂岩、Vivian 组砂岩、Napo 组砂岩、Tena 组砂岩储集层；盖层有白垩纪 Napo 组的页岩和（或）Hollin 组的页岩、Chonta 组的沥青质页岩和沥青质灰岩和 Cachiyacu 组的页岩；圈闭为构造圈闭，圈闭的构造要素包括马斯特里赫特期—渐新世形成的背斜，白垩纪晚期—第三纪早期形成的断层，白垩纪晚期—第三纪早期形成的穹窿和白垩纪晚期—第三纪早期形成的逆冲断层。油田通常由叠层的储集层组成，在相互连通的砂体间伴随有广泛的垂向运移。油气聚集的规模大小不一，在马拉尼翁地区，属于这个成藏组合的几个油田的储量都超过了 100MMbo。值得注意的是：该盆地中没有特大油气田。厄瓜多尔南部的奥连特地区，发现的油田规模更小，该成藏组合在厄瓜多尔北部的 Napo 地区（普图马约地区）非常重要。

2）白垩纪砂岩地层-构造成藏组合

白垩纪砂岩地层-构造成藏组合是马拉尼翁地区主要的成藏组合，它的油储量为 595.36 MMbo，占马位尼翁地区油储量的 29%；天然气储量为 79.25Bscf，占马位尼翁地区天然气储量的 56%。该成藏组合的储集层为 Cushabatay 组砂岩、Vivian 组砂岩和 Chonta 组的砂岩和沥青质碳酸盐岩储集层；盖层为 Chonta 组的沥青质页岩、Vivian 组的页岩和 Cachiyacu 组的页岩。圈闭类型为地层-构造圈闭，圈闭的地层部分为相变，形成于坎潘期晚期—马斯特里赫特期早期，圈闭的构造部分为背斜，形成于马斯特里赫特期—渐新世。该成藏组合是盆地第二重要的成藏组合，它占了马位尼翁地区油储量的1/3 和天然气储量的 1/2。该含油气系统的圈闭通常为带有局部侧向相变的断层上盘背斜，比如砂岩尖灭体和河道砂体，圈闭的地层要素至今尚未完全确定，可能比现在所知道的要广泛分布。

3）第三纪构造成藏组合

第三纪构造成藏组合仅在几个油田（全在秘鲁）有发现，它仅占盆地油气储量的一小部分。该成藏组合的储集层为第三系底部砂岩和始新世晚期 Pozo 组的砂岩，盖层为始新世晚期 Pozo 组的页岩，圈闭为构造圈闭，其构造要素为马斯特里赫特阶—渐新世形成的背斜。圈闭由位于相对陡峭倾斜基底断层之上的断层上盘背斜组成。

4）Pucara 构造成藏组合

Pucara 构造成藏组合是盆地中的远景成藏组合，关于该成藏组合的区域资料很少。它的储集层为侏罗纪早期 Pucara 组的砂岩，盖层为侏罗纪早期 Pucara 组的页岩和侏罗纪晚期—白垩纪早期 Sarayaquillo 组的页岩。圈闭为构造圈闭，其构造成分为三叠纪—侏罗纪形成的背斜和三叠纪—侏罗纪形成的穹窿。这个潜在的油气富集区可能存在于次安第斯（Subandean）地区深部的背斜，马拉尼翁盆地的深部背斜或是位于安第斯不整合之下的次级不整合圈闭中。Pucara 构造成藏组合最吸引人的地方在于马拉尼翁盆地已经证实了是烃源岩富集区，而最不利的是仅在 Shansui1-X 证实了储集层的质量和连通性。

4.3　盆地构造演化与含油气系统

4.3.1　构造与沉积演化

普图马约－奥连特－马拉尼翁盆地的演化与纳兹卡板块、可可板块斜向碰撞南美板块密切相关。

纳兹卡板块与南美洲板块斜向碰撞在时序和空间上的变化使得普图马约－奥连特－马拉尼翁盆地的构造和沉积演化时序差异较大。中生代以前的构造沉积演化基本相似，中新生代差异较大。

普图马约－奥连特及马拉尼翁北部地区的构造沉积演化经历了六个演化阶段，而马拉尼翁南部地区可大体分为五个演化阶段，下面分别叙述。

1.普图马约－奥连特及马拉尼翁北部地区

1)基底阶段

基底在前寒武纪—法门期形成，由前寒武纪结晶岩和变质岩组成，与上覆的上志留统—下泥盆统 Pumbuiza 组的海相页岩、砂岩和局部的灰岩和白云岩呈不整合接触。结晶岩基底虽未暴露，但是已被钻井证实，例如 Tiputini 井，基底被 Hollin 组地层所覆盖。地震和井资料表明：基底由圭亚那地盾的元古代变质岩组成。在哥伦比亚，圭亚那地盾的变粒岩和混合岩形成的时间介于 $1800\sim1180$Ma。

下古生界非海相和浅海陆源碎屑岩和灰岩，分布于次安第斯(Sub-Andean)前陆盆地和哥伦比亚东科迪勒拉山东部斜坡地区，属被动大陆坳陷盆地或者是以西北向断层为边界的裂陷盆地中沉积。与此相似的地层也可能分布于奥连特地区(厄瓜多尔)西北部，但是至今尚未被确认。

元古宙稳定的 Amazon 地台活化，厄瓜多尔南部沉积了包括 Pumbuiza 组在内的古生代地层。古生代地层为远源沉积的碎屑岩，从西部构造活动区向东扩展至克拉通。

2)前裂谷阶段

前裂谷阶段为巴什基尔期—阿林期，构造环境为裂谷、陆内坳陷，主要构造有倾斜断块和正断层。

晚古生代的构造运动产生了一系列以断层为边界的盆地。这些盆地是裂陷作用形成的宽广地区的一部分，该裂陷作用可以从欧洲西部追踪到加勒比海和南美地区。沿着大部分构造区，盆地的边界断层使基底构造重新恢复活动，并且产生了一些红层充填的深地堑。

晚泥盆世—早石炭世的构造运动破坏了古生代南美大陆西侧被动边缘环境。晚石炭纪—早二叠纪，Macuma 组沉积了海相碳酸盐岩和碎屑岩。晚二叠世—晚三叠世没有沉积物的记录，这可能表明早中生代的抬升和侵蚀与内部裂陷作用有关。晚三叠世—早侏罗世，中生代坳陷阶段沉积了 Santiago 组的页岩、灰岩和局部的蒸发岩。哥伦比亚地区为 Payandc 组，直接覆盖在基底岩石之上。

3）中生代同裂谷阶段

中生代巴柔期—凡兰吟期，为裂谷作用阶段，主要构造样式为正断层和掀斜断块。

三叠纪，沿着克拉通的西缘形成了伸展型盆地，它的形成可能与弧后伸展或与加里东期—华力西期活动带的伸展有关。裂谷的西侧为富含火山岩的陆相沉积。地震资料表明，裂谷系统为一系列的半地堑，这些半地堑从厄瓜多尔奥连特地区北部向南延伸到 Rio Curaray 地区，然后向东南延伸到马拉尼翁地区。

侏罗纪，主要的钙碱性火山深成岩体开始活动，自厄瓜多尔南部至哥伦比亚整个安第斯山南部地区都有活动。晚侏罗世—早白垩世，海相来源的火山-沉积岩块（Alao Division）和 Chauca-Arenillas 片麻状岩块在西边增生。上侏罗统蛇绿岩套标志着西部 Caucha 岩块与南美板块碰撞形成的缝合线。碰撞导致了科迪勒拉前白垩纪的岩石发生变形和变质。科迪勒拉（Cordillera）东部中生代的岩石结构未发生变形，但是白垩系和第三系深成岩和新生代走滑断层模糊了区域构造线。下白垩统构造带东部前缘的性质至今还不清楚。大部分构造边界非常陡，这表明中生代或新生代发生了走滑运动。

次安第斯（Sub-Andean）地区和厄瓜多尔奥连特地区以东的地区没有发生区域变质作用，但是这些区域在 Hollin 组沉积之前经历了褶皱，抬升和剥蚀作用。Chapiza 组和 Motema 组沉积了厚达 2400m 的陆内同裂谷期的红层和酸性熔岩。该组顶部富含基性火山侵入岩和碱性火山碎屑岩，被称为 Misahualli 段。

4）白垩纪后裂谷阶段

白垩纪阿普特期—中坎潘期为后裂谷阶段，构造环境为陆内坳陷，主要的构造样式有披覆单斜挠曲和正断层。

白垩纪后裂谷阶段热沉降单元包括一个主要的沉积旋回，该旋回由基底海侵碎屑层序组成，其上覆地层为富含页岩和砂岩的海相碳酸盐岩层序。在这个框架下，一些小的旋回也能够被识别，这与海平面的变化，沉积物的供给速率和安第斯山科迪勒拉地区再生裂谷的次要阶段所产生的抬升/沉降有关。

Hollin 组（Caballos 组）底部的下部为一个主要的不整合界面，底部的岩性为砾石和河流相的石英砂岩。Hollin 组的上部地层过渡到海相砂岩，然后过渡到 Napo 组的海相泥岩和灰岩。Napo 抬升的东侧灰岩比例与厄瓜多尔奥连特地区的相近，但是前者灰岩的比例向西逐渐增大。Hollin 组及 Napo 组的西部界限尚未发现。阿普特期之前，瑞阿尔山脉和下白垩统碰撞带发生了重要的准平原化作用和沉降作用。上覆 Napo 组（Villeta 组）由陆棚沉积的海相碎屑岩和碳酸盐岩组成，该组地层中的砂岩代表海退时期，而沥青质黏土岩和碳酸盐岩滩则代表了海侵时期。这些时期标志着科迪勒拉东部次要的裂陷作用重新活动。

大约 120Ma 前，稳定的环境有利于 Hollin 组石英砂在开阔陆棚以东沉积下来。通常认为 Napo 组与稳定陆棚的弧后扩张有关。这一时期的主要裂谷被认为是沿着科迪勒拉（Cordillera）东部发育。

5）白垩纪—古近纪前陆盆地阶段

白垩纪—古近纪上马斯特里赫特期—鲁塔尔期，为前陆盆地阶段，主要构造样式有褶皱、逆冲断层和披覆单斜挠曲。

安第斯造山带的内部变形和抬升导致了向西的海退和沉积物来源向盆地西部迁移。该阶段底部的地层通常与上覆的 Napo 组（Villeta 组）在东边呈整合接触，而在西边呈削截 Napo 组（Villeta 组）。这是安第斯山抬升初始阶段的标志。沉积物主要由磨拉石类型的粗粒红层碎屑和黏土岩构成。盆地内沉积物的分布是不对称的，其沉降中心位于西部 Pastaza 坳陷。Tena 组主要以粉砂岩为主间夹河道砂岩，Napo 组和 Tena 组的地层界面为岩性界面，但在西边偶尔也可见侵蚀面。Tena 组（Rumiyaco 组）向西逐渐变厚。

Tiyuyacu 组（Pepino 组）的底部为上覆 Tena 组的厚层粗砾岩。Tiyuyacu 组沉积受控于瑞阿尔山脉的初期抬升，沉积物向东逐渐变细。

奥连特地区东部下始新统挤压变形明显。山麓区，Pastaza 坳陷发育该时期的构造，向 Autapi 方向逐渐变薄。

Tiyuyacu 组仅分布于山麓区的北部和中部、Cutucu 抬升区，Tiyuyacu 组由砂岩和页岩组成。因此，碰撞造山运动可能主要发生在北部。

瑞阿尔山脉，古新世发生了一次主要的热沉降事件，它与俯冲产生的火山活动和紧邻西科迪勒拉物质外来体有关。83～73Ma，Tena 组沉积之前发生的小规模构造运动与厄瓜多尔东部 Napo 组的抬升有关。

Tena 组的沉积资料表明沉积物来源于西部，这意味着早白垩世—早第三纪瑞阿尔部分山脉已经抬升和存在。

Pinon 地体增生（堆积）始于早白垩世—早第三纪，包括科迪勒拉山系，低洼的弧前地区和大部分的科迪勒拉山系西部的褶皱带和逆冲带。Pinon 地体以西的边界为蛇绿岩混杂堆杂区，为 Cauca-Pallatanga 缝合线。Pinon 楔形体逆冲于 Amazon 克拉通以东约80km 的地区。在此时期，奥连特地区（厄瓜多尔）的基底断层复活。二叠纪—三叠纪盆地的边界断层和早期的元古代构造复活，产生了平缓的低幅度断层上盘背斜。

重力资料表明奥连特地区地壳厚度约为 30～35km。区域重力梯度向西倾斜，接近厄瓜多尔东部边界的地区相对较高，可能是由于瑞阿尔山脉负载挠曲所致的地壳底部的坳陷。次安第斯地区前缘，重力梯度突然向西增大。

6）新近纪前陆盆地阶段

新近纪阿启坦期—全新世，进入前陆盆阶段，发育逆断层和褶皱。

中新世至今，盆地西侧的瑞阿尔山脉发生了安第斯构造运动，造成抬升和侵蚀。早中新世至今，次安第斯地区（Sub-Andean Zone）成为沉积物源区。Pastaza 坳陷和更远的东部地区暴露。该阶段的沉积物为典型的磨拉石沉积——非海相的红色碎屑，主要来源于抬升的安第斯山以西及东部的克拉通地区。西部地区 Chalcana 组、Arajuno 组、Curaray 组、Chambiram 组和 Mesa 组（Orito 组、Ospina 组、Guamues 组和 Caiman 组）的地层总厚度接近 3000m。

晚白垩世和新近纪期间，基底逆冲断层复活，造成地层的抬升。逆冲断层切割 Hollin 组底部砂岩，向上逐渐减弱尖灭于 Napo 组或是 Tena 组。东侧陡峭倾斜的上覆地层中发育单斜构造。

中新世—上新世，板块汇聚速率增大，瑞阿尔山脉产生了更大幅度的抬升和科迪勒拉山系以西地区的反转。在这段时间，Pinon 地体可能逆冲至奥连特地区的基底，在瑞阿尔山脉变厚，而在前陆盆地下陷(减薄)。

2. 马拉尼翁南部地区

1)中生代以前基底阶段

马拉尼翁南部地区的基底形成于冥古代—鞑靼期，它由前寒武纪结晶岩、变质岩和上覆古生代的沉积地层组成。前寒武纪的地层由侵入岩、火山岩和低级的变质岩组成。古生代，秘鲁北部形成了一个深部裂陷盆地，该盆地穿过玻利维亚的中部和阿根廷的西北部。与此同时，秘鲁西部形成了裂陷被动大陆边缘。志留纪，西冈瓦纳板块的边缘位于西部。志留纪末，阿雷基帕地块在秘鲁西部发生了增生作用，这导致了古生代裂谷发生了反转和挤压作用。晚古生代构造运动通常是由秘鲁科迪勒拉山系的再生裂谷作用引起，晚二叠世挤压运动影响到冈瓦纳板块，盆地的部分发生构造反转。

Cutucu 抬升地区，上志留统的 Pumbuiza 组由海相黑/灰色板岩夹杂石英砂岩、灰岩和白云岩组成。Pumbuiza 组底部没有暴露，钻井也没有钻遇。

Macuma 组(石炭纪—二叠纪)可分为上下两套地层，地层厚度将近 1500m。下部地层由深蓝色/灰色薄层硅质灰岩、生物碎屑灰岩和互层的黑色页岩组成。上部地层由白色/深灰色、薄—厚/巨厚层的层状灰岩和页岩组成。Macuma 组与上覆的 Santiago 组呈不整合接触。该组的沉积环境为一个大的陆表海。与 Pumbuiza 组的岩层相比，该组的岩层变形较弱。

2)中生代裂谷阶段

赫塘期—欧特里夫期为裂谷阶段，发育拉张构造，主要的构造样式有正断层、高角度转换断层、正断层断块、区域地堑。中侏罗世，伴随有火山活动形成的火山碎屑。

三叠纪—侏罗纪裂陷的发展演化与典型的裂陷盆地不同。裂陷作用通常伴随有强烈的岩浆活动，产生内部的抬升而不是沉降。伸展阶段通常发育标志性的陆内沉积，而后裂谷阶段包括陆上侵蚀、其后的进一步沉降及海侵。

晚侏罗世—晚白垩世有两个裂陷盆地在秘鲁中部和北部形成。它们之间被地垒断块(即马拉尼翁大背斜)所隔开。秘鲁西部边界断层下盘抬升，形成 Paracas 大背斜。在 Paracas 大背斜和马拉尼翁大背斜之间，盆地西部经历了中侏罗世—早白垩世裂谷阶段。

Paracas 大背斜和马拉尼翁大背斜的核部地层为前寒武系—中古生界岩石，核部地层与上覆上古生界、三叠系和侏罗系地层呈不整合接触。中阿尔布期秘鲁的西部发生了快速的沉降，接受了厚达10000m的枕状熔岩及与之相关沉积物的沉积。相反地，西秘鲁东部，薄层的陆相沉积和浅海相碳酸盐岩形成向东逐渐变细的楔状体。

晚三叠世—早侏罗世期间马拉尼翁以构造活动停止和碳酸盐岩陆棚沉积为特征。中侏罗世—晚侏罗世的拉张造成了一系列北西—南东走向的地堑，这些地堑导致较老的构造局部复活。马拉尼翁西部的地壳拉张通常伴随有与火山活动有关的抬升。这些地堑被海相碳酸盐岩、碎屑沉积物和火山岩所充填。构造抬升和盆地反转阶段影响到了马拉尼翁盆地东部和安第斯山脉。

3)白垩纪后裂谷阶段

白垩纪阿普特期—早马斯特里赫特期，为后裂谷阶段陆内坳陷，构造事件为热沉降和沉积负载，形成的主要构造样式有斜－走滑断块、正断层和披覆斜挠曲。

白垩纪期间，热沉降导致海水自委内瑞海道侵入秘鲁北部。马拉尼翁南部内持续的热沉降有利于源于东部地盾的物质沉积充填。

安第斯山以西，深海相页岩和碳酸盐岩发育，是最重要的烃源岩。它们是区域烃源岩相的一部分，能够从委内瑞拉追踪到秘鲁中部。裂陷盆地和裂陷西侧的白垩系沉积最大厚度可达 2000m，向东部地盾方向逐渐尖灭。盆地内的砂岩单元代表了盆地内的海退阶段，其夹层黏土岩，页岩和碳酸盐岩滩则记录了西边的海进阶段。

4）前陆盆地早期

早马斯特里赫特期—普利亚本期，为前陆盆地早期阶段发育陆内坳陷，形成的主要构造样式有披覆单斜挠曲、褶皱－背斜、逆断层。

马拉尼翁南部地区是一个挠曲性的前陆盆地，它的形成与晚白垩世安第斯造山带的逆冲断层和褶皱变形有关。

东部，前陆盆地早期的基底部分与下伏的 Vivian 组（Napo 组）呈整合接触，而在西部基底部分削截了这些岩层。碎屑岩沉积作用包括粗粒、磨拉石类型的陆内碎屑岩，这些碎屑岩大部分来源于西部的活跃地区。盆地主要的沉降中心位于西部，然而沉积物通常呈不对称分布，所以在沉积剖面上通常可见不整合面。Cachiyacu 组，Huchpayacu 组和 Yahuarango 组（Tena 组和 Tiyuyacu 组）的厚度高达 1800m。

安第斯构造运动的短暂停止导致了来自于太平洋的短期海侵，沉积始新世/渐新世砂岩、页岩和盐岩，厚度近 100m。

5）前陆盆地晚期

鲁塔尔期—弗西尔期，为前陆盆地晚期阶段，区域隆开主要发育旋转断层。

安第斯挤压运动的晚期，区域抬升和沿着科迪勒拉山脉的东部和中部和马拉尼翁西侧的侵蚀发生在渐新世，并持续至今。构造事件导致了更多的碎屑沉积物的涌入，发育磨拉石。构造时期的沉降厚度非常大，特别是在盆地西缘附近西北－东南走向的沉降中心，最大厚度可达 3000m。

4.3.2 油气生成、运移

1. 烃源岩演化

普图马约－奥连特－马拉尼翁盆地有两套烃源岩，一套为 Napo 组（Villeta 组、Chonate 组）的上阿尔布阶—上坎潘阶的黑色浅海页岩和碳酸盐岩，主要分布于盆地北部的普图马约－奥连特地区；另一套为 Pucara 群富含有机质的碳酸盐岩和页岩，主要分布于马拉尼翁地区。

普图马约－奥连特－马拉尼翁盆地 Napo 组（Villeta 组、Chonate 组）烃源岩的成熟时期为：西部早东部晚，南部早北部晚，遂渐推进。西部隆升区生排烃高峰期为早中始新世，东部生排烃高峰期为新近纪（如图 4-8 所示）。

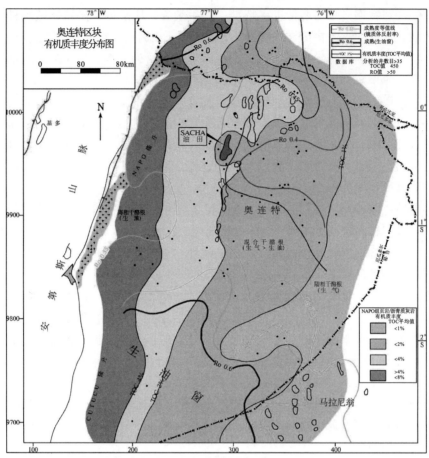

Chonta 组璀成熟度分布图

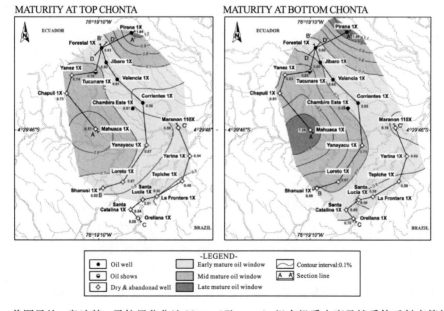

图 4-8　普图马约－奥连特－马拉尼翁盆地 Napo（Chonata）组有机质丰度及镜质体反射率等值线图

（资料来源：*Petroconsultants S.A.*，2007）

普图马约－奥连特－马拉尼翁盆地南部 Pucara 群烃源岩生烃始于 74Ma 前的马斯特里赫特期(Maastrichtian 期)并持续至今。

2. 油气运移

1)普图马约－奥连特地区的油气运移

普图马约－奥连特地区圈闭中的油气来自于盆地现今边界以西的烃源岩,成熟于早第三纪。油气从烃源灶运移到圈闭,运移路径长达 300km,属大规模的侧向运移。下白垩统 Hollin 组(Caballos 组)砂岩是整套的,厚度巨大而且是侧向上的连续性很好的运移通道,为油气提供了长距离运移的理想运移通道,油气可能从上覆的 Napo 组(Villeta 组)烃源岩层向下运移至 Hollin 组运移通道。中新世—上新世阶段发生构造运动,油气运移通道遭受构造破坏,此前油气运移指向上倾斜方向(如图 4-4 所示)。

中新世和上新世时期主要为垂向运移,此时一些聚集油气的圈闭被破坏,油气向上运移到上覆的储集层。哥伦比亚地区的 Pepino 组是重要储集层,下伏的 Tena 组圈闭(油藏)储集层可能遭受破坏。

Hollin 组(Caballos 组)是奥连特地区/普图马约地区主要的储集层,由于盖层封盖能力不好,该组的同期地层在邻近的马拉尼翁地区通常含水。

受陆上 Tena 组和 Tiyuyacu 组沉降沉积作用影响,致使古新世和始新世期间发生水洗作用。

2)马拉尼翁地区的油气运移

(1)二次运移。

油气长距离的侧向运移表明了运移通道的存在,这些运移通道没有被相变或是构造作用所破坏。早白垩世 Cushabatay 组(Hollin 组)广泛分布,该组的席状砂被认为是一个主要的运移通道。Cushabatay 组的露头在西部山前带被发现,该组通常饱含油气,说明 Cushabatay 组是一个主要的运移通道(如图 4-9 所示)。

Napo 组(Chonta 组)生成的油气运移至 Hollin 组的运移通道后,垂向上沿着较小的断层运移直达最后的顶部封盖层之下的地层中,如厄瓜多尔的 Tiyuyacu 组、马拉尼翁盆地的 Chambira 组,或者是 Yahuarango 组(当 Pozo 组砂岩无孔隙或不存在时)。有时"运移"油渍的地层厚度可达几百米厚,表明运移路径是一个非常厚的"管道"或者是被新近纪水压驱动和区域倾斜所冲刷的大型圈闭。Hollin 组/Cushabatay 组运移通道很难在新近纪主要造山过程中保存,但不会影响到新近纪以前来自盆地西边的运移,也不会影响到盆地新近纪的运移(如图 4-9 所示)。

Dashwood 和 Abbotts 提出了一个详细的运移模型,该模型将早第三纪和晚第三纪两次运移的要素结合在一起。晚第三纪("安第斯")的油气生成可能非常有限,一些在早期运移阶段充注满油气的圈闭可能因为构造运动被破坏或是发生倾斜。因此晚期的运移包括第三纪运移,也包括晚期生成的油气的二次运移。在早第三纪和晚第三纪的水冲刷阶段可能都发生了生物降解作用(如图 4-9～4-13 所示)。

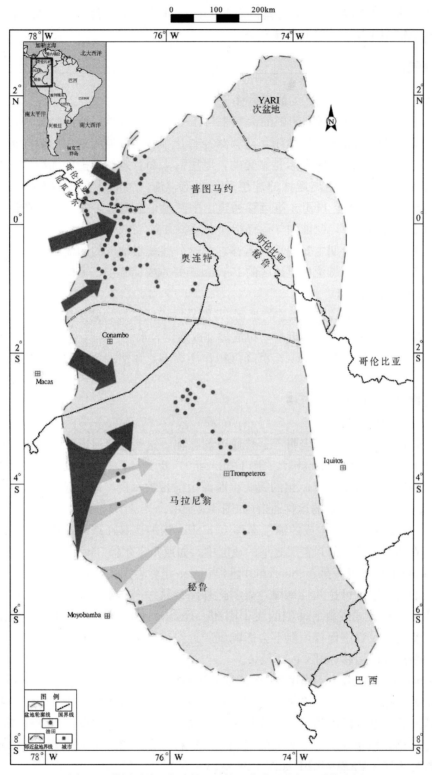

图 4-9　普图马约－奥连特－马拉尼翁盆地油气运移指向图

（资料来源：*Petroconsultants S.A.* 和 *IHS ENERGY*，2007）

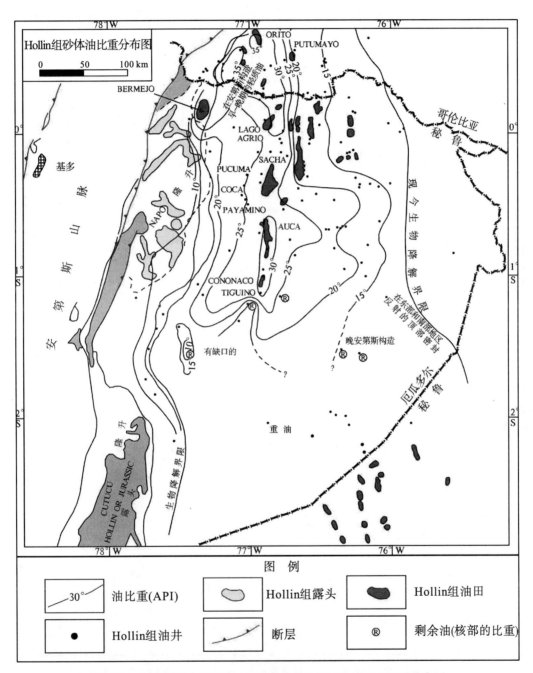

图 4-10　普图马约-奥连特-马拉尼翁盆地 Hollin 组原油比重分布图

（资料来源：*Petroconsultants S.A.* 和 *IHS ENERGY*，2007）

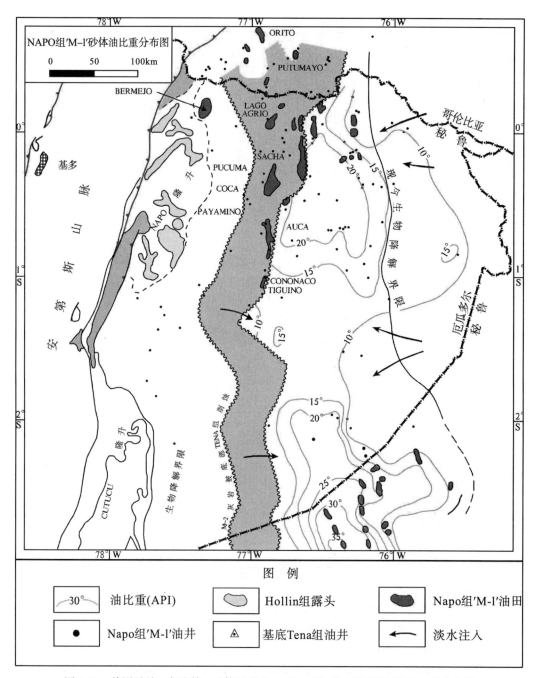

图 4-11　普图马约-奥连特-马拉尼翁盆地 Napo 组 "M-1" 砂体原油比重分布图

(资料来源：*Petroconsultants S.A.* 和 *IHS ENERGY*，2007)

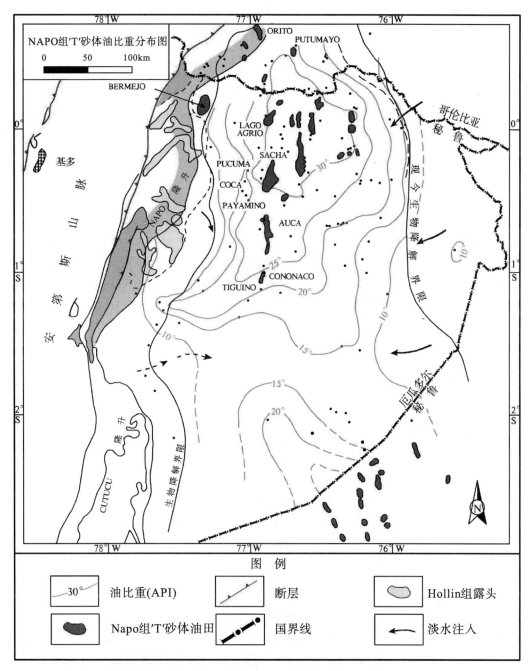

图 4-12　普图马约－奥连特－马拉尼翁盆地 Napo 组 "T" 砂体原油比重分布图

（资料来源：*Petroconsultants S.A.* 和 *IHS ENERGY*，2007）

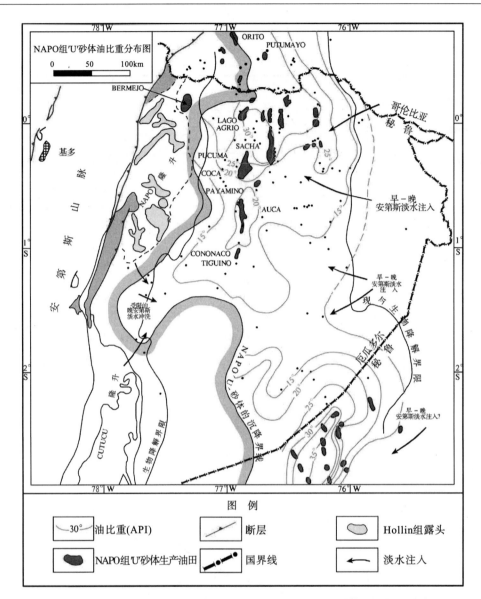

图 4-13　普图马约－奥连特－马拉尼翁盆地 Napo 组 "U" 砂体原油比重分布图

（资料来源：*Petroconsultants S.A.* 和 *IHS ENERGY*，2007）

　　垂向的运移大部分限制在白垩系地层内，因为 Cachiyacu 组和 Pozo 组的页岩为区域盖层，它们阻止了油气向上覆第三系潜在储集层垂向运移。在许多构造中都有发现小的断层，它们有利于油气的垂向运移。白垩系地层中，Raya 组、Agua Caliente 组、Chonta 组和 Vivian 组中的砂岩透镜体是相互连通的，导致盆地中可见多处油气聚集。Cushabatay 组储集层通常是含水的，该组的油气垂向地运移到上覆的白垩系储集层中。上覆盖层的有效性和长距离侧向运移的必要性，可能在盆地东部河流相的地方被破坏。

　　盆地东部 Vivian 组地层于中第三纪被暴露，表明在早第三纪运移的油气遭受了冲刷作用和生物降解作用。

（2）第三纪运移。自普图马约－奥连特－马拉尼翁盆地西部的主要烃源灶地区油气运移至 Chonta 组储集层，油气的侧向运移距离超过 150km。第三纪运移的证据在盆地南部、中部和东北部地区的油勘探中得以证实。

4.3.3 含油气系统

1. 普图马约－奥连特地区的上白垩统含油气系统

1）烃源岩

主要为上白垩统赛诺曼阶—上坎潘阶浅海泥岩和碳酸盐岩，该套烃源岩生油潜力巨大，其有机质一般为偏陆源沉积（Ⅱ类干酪根），总有机碳含量由盆地东部的小于 1％ 变为西部的 10％ 以上。该套烃源岩有两期生烃，第一期发生在安第斯构造运动早期，第二期发生在第三纪晚期，两期油气生成的油气灶都位于盆地的西部。相比较而言，第三纪晚期生成的油气更成熟、油质较轻。在盆地东翼的中部，两期生成的石油都有所发现。

2）储层

主要为白垩系 Hollin 组和 Napo 组砂。总体上 Hollin 组砂岩在盆地西部最发育，封盖条件好；Napo 组"U"和"T"砂岩在盆地中部和东部最为发育；"M2""M1"砂岩在盆地东部最厚。

3）盖层

主要为上白垩统页岩、致密的碳酸盐岩，另外渐新世 Orteguaza 组的页岩也可作为区域性盖层。

4）圈闭条件

从盆地目前已发现的油气田来看，油气主要分布在三类构造中：

（1）前白垩系古地貌上的披覆构造。

（2）挤压运动形成的压性背斜。

（3）由于中新世晚期—上新世之后的大规模逆断层和逆掩断裂作用，前白垩纪南北向正断层发生反转，在断层上升盘形成了一系列褶皱背斜构造或下盘的单斜构造。

断层是控制大型油气田的关键因素，油气沿断层分布趋势十分明显。

5）原油性质

奥连特地区原油比重 API 变化较大，为 10～35API，即使是同一口井的不同油层，其比重也有差别，可能是深、浅层轻质油和重质油混合运移的结果。产生的原因可能有两点：一是油气差异运移的结果。奥连特地区原油重度分布表现为中部 API 值较高，向东西方向逐渐减小；二是断层活动的影响。安第斯造山运动导致该地区早期形成的正断层复活发生反转，油藏可能发生降解破坏（Napo 组 U、M2 砂岩段没有成藏）（如图 4-10～4-13 所示）。

Napo-Napo 含油气系统中上白垩统烃源岩产生的油气被圈闭在早白垩世到始新世形成的储层中（如图 4-14 所示）。成藏组合包括 Hollin 构造成藏组合，Hollin 地层－构造成藏组合，Napo 构造成藏组合，Napo 地层−构造成藏组合，Tena 构造成藏组合，Tena 地层−构造成藏组合，Tiyuyacu 构造成藏组合和 Tiyuyacu 地层−构造成藏组合。

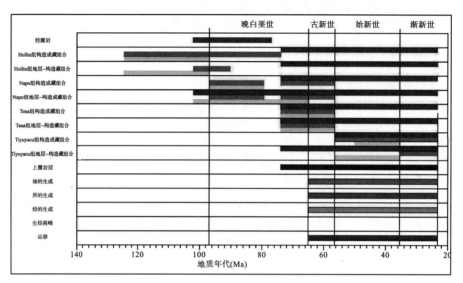

图 4-14　普图马约−奥连特−马拉尼翁盆地 Napo-Napo 含油气系统关键事件图

（资料来源：*Petroconsultants S. A.* 和 *IHS ENERGY*，2007）

Napo-Napo 含油气系统能够解释盆地里油气的来源。中新世—上新世东科迪勒拉山发生抬升后，盆地中白垩系主要的烃源岩几乎没有再生油。生物降解的界限表明，油气在中新世—上新世埋藏之前进入圈闭。盆地最可能的烃源灶位于东科迪勒拉以西的地区。因为这些地区的沉积物在古近纪被埋藏，油气可能向东运移到盆地早期形成的圈闭里。

Napo-Napo 含油气系统里年代最久远的是 Hollin(Caballos)组砂岩，它们是油气二次运移的主要通道，同时也是重要的储集层段。白垩系地层中 Napo 组可以作为烃源岩和良好的储集层。这些组的地层也可以形成半区域盖层，盆地的区域盖层为上覆古新世红层。油气生成所需的沉积负载由第三系前陆盆地地层所提供，这些地层中有少量的油气聚集。

盆地现在可观察到的油气分布可归因于下列因素的相互作用：

(1)现今盆地以外白垩系烃源岩的有效性，这些地方的埋深足以生成油气；

(2)下白垩统席状砂岩能够作为油气侧向运移的有效运移通道，同时中新世以前没有主要的构造破坏发生；

(3)区域向西倾斜的地层，利于油气运移；

(4)白垩系互层的页岩和第三系底部页岩的封盖有效性；

(5)圈闭形成的时间早于主要生油阶段(早第三纪)，圈闭主要类型为披覆背斜(晚白垩世)和挤压背斜(古新世)；

(6)新近纪构造运动破坏了圈闭，导致了第三纪的油气运移；

(7)油气遭受了生物降解作用，这些与淡水水洗作用有关，这也就解释了盆地里油比重变化的原因；

（8）淡水冲刷的时间（古新世—始新世）和储集层的温度。

2. 马拉尼翁地区的上白垩统含油气系统

Chonta-Cretaceous/Paleogene 含油气系统（如图 4-15 所示）位于马拉尼翁地区北部，是一个被证实的含油气系统。它包括以下成藏组合：Chonta 点礁地层成藏组合、白垩系砂岩构造成藏组合、白垩系砂岩地层－构造成藏组合和第三系构造成藏组合。

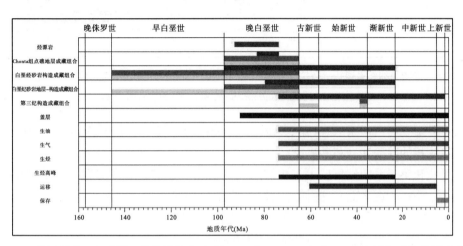

图 4-15　普图马约－奥连特－马拉尼翁盆地 Chonta-Cretaceous/Paleogene 含油气系统关键事件图

（资料来源：*Petroconsultants S. A.* 和 *IHS ENERGY*，2007）

赛诺曼阶上部—坎潘阶上部 Chonta 组的页岩和碳酸盐岩是盆地北部油田的主要烃源岩。白垩系烃源岩自中新世至今都在生油，最深处已达到了生油窗。

储集层主要为白垩系 Raya 组、Agua Caliente 组、Chonta 组和 Vivian 组的浅海、三角洲及陆相的碳酸盐岩和砂岩。

白垩系和第三系的储集层大多数被层内的页岩和碳酸盐岩所封盖。区域盖层位于阿普特期 Cushbatay 组之上，这可能会引起油气在运移通道的二次运移。

长距离的油气运移被认为是马拉尼翁东部圈闭形成油气充注的原因，而天然气的缺失是长距离运移和部分早期生物降解共同作用的结果。

3. 马拉尼翁地区的侏罗系含油气系统

Pucara-Cretaceous/Paleogene 含油气系统（如图 4-16 所示）是马拉尼翁地区一个已确定的含油气系统，它包括以下成藏组合：Chonta 点礁地层成藏组合、白垩系砂岩构造成藏组合、白垩系砂岩地层－构造成藏组合和第三系构造成藏组合，后面三个成藏组合是盆地中被证实的成藏组合。

Pucara 组下侏罗统的页岩是盆地南部和西南部油田的主要烃源岩。Pucara 组的侏罗系烃源岩位于盆地的南部和西南部，处于晚成熟期生油窗。

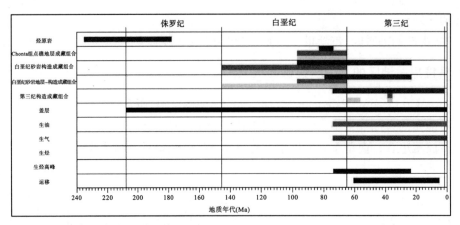

图 4-16　普图马约－奥连特－马拉尼翁盆地 Pucara-Cretaceous/aleogene 含油气系统关键事件图

（资料来源：*Petroconsultants S. A.* 和 *IHS ENERGY*，2007）

储集层主要为白垩系 Raya 组、Agua Caliente 组、Chonta 组和 Vivian 组的浅海、三角洲、和陆相的碳酸盐岩和砂岩。

白垩系和第三系的储集层大多数被层内的页岩和碳酸盐岩所封盖。区域盖层位于阿普特期 Cushbatay 组之上，这可能会引起油气在运移通道的二次运移。

长距离的油气运移被认为是盆地东部圈闭形成油气充注的原因，而天然气的缺失是长距离运移和部分早期生物降解共同作用的结果。

综合研究普图马约－奥连特－马拉尼翁盆地的构造、沉积演化史以及生、储、盖、圈、运、保各成藏要素的匹配关系，认为普图马约－奥连特－马拉尼翁盆地控制油气成藏的关键因素是烃源、圈闭条件和保存条件（如图 4-17 所示）。盆地西部造山带保存条件差，不具成藏条件。逆冲带具有一定的保存条件，具有一定成藏条件。平缓褶皱带的圈闭条件、保存条件与烃源匹配关系好，油气地质条件最好，可以形成规模较大的油气藏。东部的水洗降解带，主要的圈闭类型是原油的水洗、氧化形成的地层上倾沥青封堵地层、岩性圈闭，保存和与烃源的匹配关系相对较好，可以形成一定规模的油气藏。

根据普图马约－奥连特－马拉尼翁盆地成藏条件及油气勘探实践，可以将普图马约－奥连特－马拉尼翁盆地分为三个油气有利富集带（如图 4-18、4-19 所示），即：逆冲带油气聚集带、平缓褶皱油气聚集带和水洗降解油气聚集带。结合盆地油气勘探实践及油气地质条件，普图马约－奥连特－马拉尼翁盆地中的平缓褶皱带最具勘探潜力；其次是东部的水洗降解带，此带可以发现规模较大的单个油气藏。

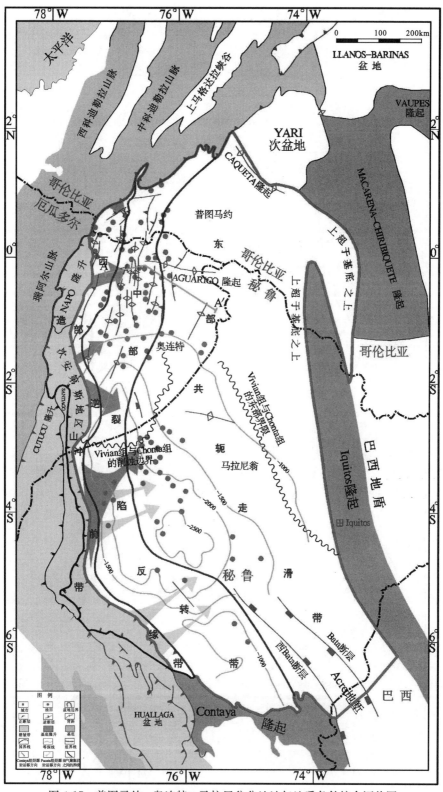

图 4-17　普图马约－奥连特－马拉尼翁盆地油气地质条件综合评价图

（资料来源：*Petroconsultants S.A.* 和 *IHS ENERGY*，2007）

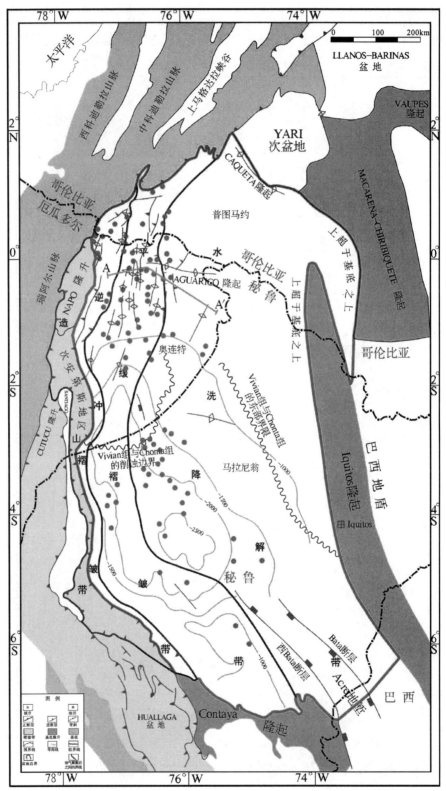

图 4-18　普图马约-奥连特-马拉尼翁盆地油气聚集区带分布图

（资料来源：*Petroconsultants S.A.* 和 *IHS ENERGY*，2007）

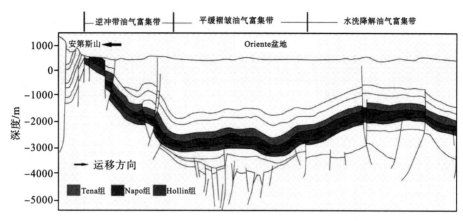

图 4-19   普图马约－奥连特－马拉尼翁盆地油气聚集带剖面图

（资料来源：*Petroconsultants S.A.* 和 *IHS ENERGY*，2007）

第5章 中马格达莱纳盆地

5.1 盆地概况

中马格达莱纳盆地位于哥伦比亚中科迪勒拉和东科迪勒拉之间（如图 5-1 所示），现今地貌为呈狭长条带状的南北走向山间凹陷，长度超过 500km，平均宽度约 60km，面积为 30977km²。盆地强烈不对称，沉积中心主要位于东部，西部地层局部上超于中科迪勒拉，沉积盖层厚度自西向东增厚，从西缘的 3000m 增至东缘的 12000m。盆地东缘与东科迪勒拉以 La Salinas 和 Dos Hermanos 逆冲断层为界，西缘以古近系上超前白垩系为界。东北以沿着桑坦德地块边缘发育的逆冲断层为界。位于瓜塔基小镇附近的 Bituima 逆冲断层构成了盆地南部边界，它也是与上马格达莱纳盆地之间的边界。北部 Murrucu-cu 断层构成了与下马格达莱纳盆地的边界。

中马格达莱纳盆地线性构造很发育，主要是断层和其伴生的褶皱，走向大多为近北东向或北东－南西向。盆地的东部主要是向西倾的逆冲断层带及其伴生的褶皱带，西部主要是走滑断层体系。盆地东面边界 La Salinas 逆冲断层，向东倾斜，断层东面是 Portones 背斜；西面与 Dos Hermanos 逆冲断层之间为一向斜；北东边界 Bucaramanga 断层是一个左旋走滑断层；西部边界是一些向东倾的正断层，断层西面为 Palestina 右旋走滑断层体系。盆地中逆冲断层呈阶梯状发育，形成断坡－断坪构造。上白垩统页岩发育平缓滑脱断层。盆地主要构造是断层上盘发育断弯褶皱，核部主要是基底。走滑断层一般有花状构造伴生。

地层主要为三叠系、侏罗系、白垩系和新生界（如图 5-2 所示）。

5.1.1 盆地基底

盆地基底为上元古界变质岩和古生界云母片麻岩，有酸性岩浆岩侵入。较年轻的古生界沉积物仅在局部地区发育。

5.1.2 盆地地层特征

1.三叠系—侏罗系

Giro 组为陆相砾岩、长石砂岩和粉砂岩夹火山岩，局部火山岩厚度达 2000m，冲积扇和辫状河沉积，最大厚度 4000m；东部东科迪勒拉发育蒸发岩表明发生过海侵；盆地南部红层与上覆三叠系灰岩呈不整合接触。Girozu 组与上覆 Tambor 组呈不整合接触，与下伏基底呈不整合接触。

2. 白垩系

（1）Basal 群为页岩和灰岩组成，海相沉积，厚度为 150～1050m，由 Tablazo 组、Paja 组和 Rosa Blanca 组构成。页岩可作烃源岩，与上覆 Simiti 页岩组呈整合接触。

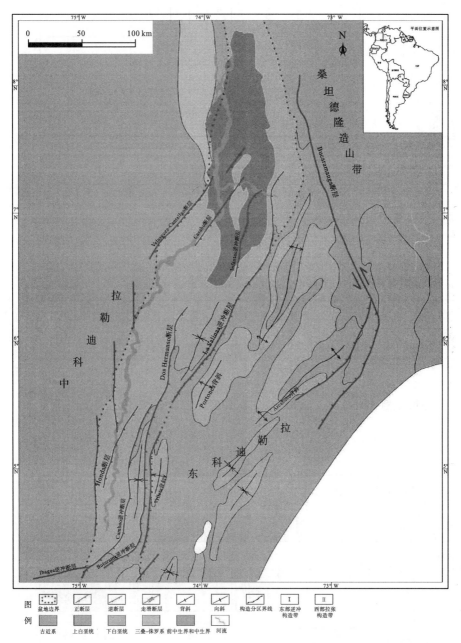

图 5-1　中马格达莱纳盆地位置和构造格架图

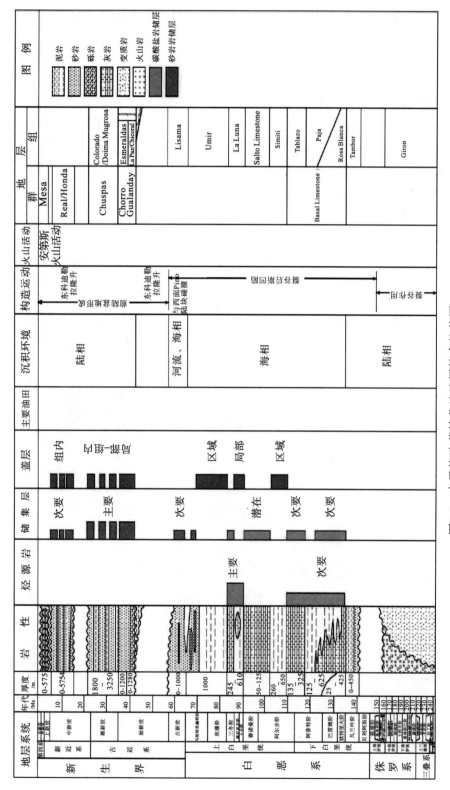

图5-2 中马格达莱纳盆地地层综合柱状图
(资料来源: *IHS ENERGY*, 2007)

(2)Tambor 组为红色页岩、砂岩和砾岩，含少量灰岩，底部为陆相辫状河沉积，上部为曲流河沉积，顶部为浅海相沉积，最大厚度 650m，与上覆 Rosa Blanca 组呈整合接触，与下伏 Giron 组呈不整合接触。

(3)Caballos 组与上覆 Villeta 群呈整合接触，与下伏 Motema 组呈不整合接触。

(4)Cantagallo 组与上覆 Esmeraldas 组呈整合接触，与下伏 Lisama 组呈不整合接触。砂岩平均孔隙度为 20%，平均渗透率为 32%。

(5)Rosa Blanca 组为块状灰岩、泥灰岩和黑色泥质灰岩，含蒙特里维动物群化石，厚度为 150~425m，属浅海陆相和半深海沉积，上部为层状鲕粒灰岩，与上覆 Paja 组呈整合接触，与下伏 Tambor 组呈整合接触。

(6)Paja 组为黑色页岩，含菊石化石，底部夹微晶灰岩，铁质含量较高，风化为红色或浅黄色，厚度为 125~625m。大部分页岩含石膏，与上覆 Tablazo 组呈整合接触，与下伏 Rosa Blanca 组呈整合接触。

(7)Tablazo 组为半深海碎屑灰岩和微晶灰岩，夹钙质砂岩和页岩，含有瓣鳃化石，厚度为 150~325m，与上覆 Simiti 组呈整合接触，与下伏 Paja 组呈整合接触。

(8)Simiti 组为浅海相灰、黑色钙质页岩，含海绿石、磷灰石和大量油浸，发现菊石化石，厚度为 250~650m，与上覆 La Luna 组和 Salto 组呈整合接触，与下伏 Tablazo 组呈整合接触。

(9)Salto 组为浅海灰色含泥灰岩和黑色钙质页岩，厚度为 50~125m，含菊石化石，与上覆 La Luna 组呈整合接触，与下伏 Simiti 组呈整合接触。

(10)La Luna 组为黑色页岩、灰岩和燧石层，半深-深海厌氧环境沉积，厚度为 245~610m。是盆地的主要烃源岩，平均 TOC 为 3~4wt%（Schamel，1991），Ⅱ型干酪根。从上到下可以分成 Salada 段、Pujamana 段和 Galembo 段。Galembo 段为中-薄层微晶灰岩，夹燧石和钙质页岩，在 Rio Sogamoso 地区其顶部富含化石，厚度为 180~350m，属深海斜坡沉积，上部水深较浅。Pujamana 段为灰色-黑色钙质薄层页岩，厚度为 50~225m，见菊石、有孔虫和放射虫化石。分布于盆地北部大部分地区，该段与 Galembo 段很难区分。Salada 段为深黑色薄层钙质页岩，渐变成含泥微晶灰岩，含有孔虫和放射虫化石，厚度为 50~131m。深海厌氧沉积。该组与上覆 Cimarrona 组和 Umir 组呈整合接触、Guadalupe 组和 Monserrate 组呈整合-不整合接触；与下伏 Salto 灰岩组和 Simiti 组呈整合接触。

(11)Umir 组为细粒砾质砂岩，分选性好，下部为半深海沉积，上部为潮坪和三角洲前缘沉积，平均厚度为 1000m，目前仅有非商业油气发现。物源来自中科迪勒拉。与上覆 Avechucos 组呈不整合接触、Guaduas 组和 Lisama 组呈整合接触，与下伏 La Luna 组呈整合接触。

(12)Villeta 群与上覆 Guadalupe 组和 Monserrate 组呈整合-不整合接触，Rumiyaco 组呈不整合接触，与下伏 Caballos 组呈整合接触。

(13)Monserrate 组与上覆 Guaduas 组呈整合接触，与下伏 La Luna 组和 Villeta 群呈整合-不整合接触。

3. 古近系

（1）Lisama 组为斑驳状页岩夹灰－绿灰色细－中粒砂岩，局部含煤层，向盆地西北方向进积。剥蚀程度不同（即中始新世不整合面），厚度变化大，最小厚度为 450m，平均厚度为 1000m。三角洲平原上的分流河道、决口扇和洪泛平原沉积，局部发育海湾和泻湖沉积。与上覆 Avechucos 组和 La Paz 组呈不整合接触，与下伏 Umir 组呈整合接触。

（2）Toro 组为陆相深灰、淡灰色页岩。

（3）Chorro 群平均厚度为 1444m，陆相沉积，与上覆 Chuspas 群呈整合接触，与下伏 Lisama 组呈不整合接触。

（4）Guadalupe 组与下伏白垩砂岩呈整合接触。

（5）La Paz 组为粗粒砂岩和泥岩，被块状粗粒砾质砂岩夹灰色泥岩覆盖。砂岩呈叠瓦透镜状，砂体被风化面分开或渐变成泥岩。最大厚度可达 1280m，平均厚度为 244m。为冲积扇和辫状河沉积，物源部分来自中科迪勒拉，部分来自桑坦德地块。该组与上覆 Esmeraldas 组呈整合接触，与下伏 Lisama 组呈不整合接触、Toro 组呈整合接触。

（6）Esmeraldas 组为薄层砂岩、粉砂岩和页岩，含褐煤，为陆相河流过渡到三角洲平原相沉积，平均厚度为 1200m，发现淡水软体动物和花粉化石。该组与上覆 Mugrosa 组呈整合接触，与下伏 Chicoral 组呈整合接触、La Paz 组呈整合接触。

（7）Avechucos 组厚度为 245～1700m，平均厚度为 800m。为陆相辫状河和洪泛平原沉积，与上覆 Colorado 组呈整合接触。砂岩可作储层，发育于盆地南部 Velasquez-Palagua 地区。该组上覆于 Umir 组，表明该地区可能缺失 Lisama 组或 Lisama 组与 Umir 组没区分开。

（8）Mugrosa 组下部为灰色、红色或紫红色泥岩，局部夹薄层细－中粒砂岩和淡绿色砂质泥岩和粉砂岩，上部为灰色细－中粒含卵石砂岩夹少量红色斑状页岩；砂岩发育底部较早，发现鱼类和爬行动物化石，厚度为 800～2000m，属曲流河沉积。该组与上覆 Colorado 组和 Doima 组呈整合接触，与下伏 Avechucos 组和 Esmeraldas 组呈整合接触。

（9）Chuspas 群厚度为 800～4500m，陆相沉积，包含 Colorado 组和 Mugrosa 组，与上覆 Real 群呈整合接触，与下伏 Chorro 群呈整合接触。

（10）Colorado 组为灰色－灰绿色细－粗粒砂岩，厚层块状或交错层理，局部为砾岩夹淡灰色、紫红色泥岩和红色页岩，厚度为 1000～2500m。该组发育于委拉斯开兹地区，被认为是 Tune 组上部，与下伏 Honda 群和 Real 群呈不整合接触、Avechucos 组和 Mugrosa 组呈整合接触。

（11）Doima 组为砾岩、砂岩和泥岩，陆相辫状河、冲积沉积，厚度为 6～300m，与上覆 Barzalosa 组呈整合－不整合接触，与下伏 Mugrosa 组呈整合接触、Potrerillo 组呈不整合接触。

4. 新近系—第四系

（1）Real 群为陆相沉积，最大厚度为 4054m，发现腹足类和脊椎动物化石，与上覆 Mesa 群呈整合接触，与下伏 Chuspas 群呈不整合接触。

（2）Barzalosa 组与上覆 Honda 群呈不整合接触，与下伏 Doima 组呈整合－不整合接触。

（3）Honda 群为陆相沉积，厚度为 300～5000m，平均厚度 900m，与上覆 Mesa 群呈不整合接触，与下伏 Barzalosa 组和 Chuspas 群呈不整合接触。

（4）Mesa 群为固结很差的砾岩、砂岩和安第斯凝灰岩，陆相沉积，物源来自中科迪勒拉和东科迪勒拉，地层中没有发现生物化石，可能是上新世—更新世沉积。最大厚度为 575m，与下伏 Honda 群和 Real 群呈不整合接触。

（5）Chicoral 组为陆相沉积，平均厚度为 335m，发育于内瓦次盆地，与上覆 Esmeraldas 组和 Poterillo 组呈整合接触，与下伏 Lisama 组呈不整合接触、Toro 组呈整合接触。

5.1.2　盆地油气勘探开发概况

盆地二维地震勘探 17.2 万公里，地震密度为 1.8km/km²。钻井 5134 口，其中产油井为 3514 口，产气井 19 口，钻井最深为 5180m。油田 92 个，在产油田 45 个，气田 4 个，在产气田 1 个。1918 年发现第一个油气田——Infantas 油气田。1926 年发现最大油田 La Cira 油田，储量为 520MMbo。1960 年发现最大气田 Provincia 气田，储量为 1000Bscf。截至 2007 年，累计勘探成功率为 21.6%，1998～2007 年的勘探成功率为 30.0%。2006 年日产油 63.9Mbo，日产气 71.6MMscf。油气富集程度为：每平方公里含石油85445bbl，含天然气 120MMscf，合计当量石油为105422boe，盆地勘探开发程度较高。

5.2　油气地质特征

5.2.1　烃源岩

La Luna 组是盆地主要烃源岩，为上白垩统海相富有机质页岩，沉积于碳酸岩斜坡，局限水循环和厌氧环境，从上到下可以分成 Salada 段、Pujamana 段和 Galembo 段。主要分布在盆地中部大部分地区，在盆地南部剥蚀缺失（如图 5-2 所示）。

La Luna 组干酪根类型为海相 II 型，非晶质，易生油。C_{15+} 值为 2500ppm，表明烃源岩具有很好的生油潜力。TOC 平均值为 3%～4%。Bucaramanga 西面 20km Nuevo Mundo 向斜东翼的 Pujamana 和 Salada 段露头样品中的 TOC 为 4.3%，而低有机碳的 Galembo 段 TOC 含量仅为 0.9%，盆地其他地方的 TOC 则可达 3.0%。Galembo 段平均 HI 为 390mg HC/TOC，Ro 为 1.0±0.2%，处于生油窗口内。次生蚀变作用使石油组分发生变化，蚀变石油类似细菌降解的石油。水洗和局部重新埋深、增温和热裂解使中生代早期运移的石油发生降解。

始新世前陆盆地形成初期，烃源岩达到成熟，开始生烃。Schamel（1991）认为在盆地的主要向斜，比如 Nuevo Mundo、Rio Minero 和 Guaduas，烃源岩在中新世以后进入高成熟阶段。在这些向斜里，烃源岩埋深超过 4000m，处于生油窗口内。La Luna 组的 Ro

值表明大部分烃源岩现今仍处于生油窗口内，一些埋深较大的地区进入生气窗口。

　　中阿尔步阶 Tablazo 组泥页岩是潜在的烃源岩。Ortiz(1998)的研究表明，许多油藏内的烃类至少部分来自 Tablazo 组。Tablazo 组沉积于侏罗纪裂谷后期热沉降阶段初期，为Ⅱ型干酪根，平均 TOC 为 2.5%，Ro 介于 0.5%～2.7%(Mora，2000)。

5.2.2　储层

　　盆地的主要储层为始新统—渐新统的 Chorro 群和 Chuspas 群中的河道砂岩和砾岩。平均孔隙度为 20%～25%，平均渗透率分别为 500mD 和 1000mD。

　　Chorro 群 La Paz 组和 Esmeraldas 组主要为砂岩，储层砂岩分选差－中等，颗粒磨圆－次圆。孔隙度受控于砂岩成熟度及胶结程度，渗透率受控于原生和次生孔隙，随黏土含量和分选性变化。Provincial 油田，La Paz 组为河流沉积，主要为辫状主河道和少量河道决口扇、洪泛平原沉积。河道砂岩是最好的储层，平均孔隙度达 16.7%，平均渗透率为 409mD(Suarez，1997)。

　　盆地大部分地区发育渐新统—中新统 Chuspas 群 Mugrosa 组和 Colorado 组储层，为胶结差，细－中粒、中等到差分选性砂岩，横切河道细－粗粒砂岩复合叠置体，在盆地的北部被剥蚀而缺失。Colorado 组砂岩经常与块状页岩互层。Mugrosa 组孔渗相关性很好，呈直线。

　　盆地发育许多次要储层，主要位于中白垩统—上新统。盆地北部一些老油田中白垩统 Tablazo 组和 Rosa Blanca 组裂缝碳酸岩具有产能，比如 Buturama 油田，褶皱作用形成的垂直裂缝为油气渗滤通道，孔隙度为 1%～3%。

　　与中科迪勒拉持续隆升伴生的上白垩统 Umir 组砂岩为次要储层，主要发育于 San Luis 和 Totumal 油田。Umir 组下部属于浅海沉积，上部属于潮坪和三角洲前缘沉积。储集性能一般较差，平均孔隙度为 1%～3%。

　　古新统 Lisama 组为次要储层，主要为细－粗粒砂岩，夹粉砂质泥岩和灰色页岩，孔隙度为 4%～25%。该组上部发育少量煤层。储层发育于 Provincial、Las Monas、Tisquirama 和 Los Angeles 油田。早－中始新世隆升差异剥蚀使得其厚度变化大。盆地中部大部分地区，Lisama 组厚度很薄或缺失。上部砂岩储集有很好的油苗。孔隙度为 10%～20%，渗透率为 6～500mD。

　　中新统 Honda 群储层由厚层孔隙发育的砂岩和砾岩组成，但由于缺乏有效盖层，其勘探潜力很小。

5.2.3　盖层

　　盆地主要盖层是上始新统—渐新统 Chorro 群和 Chuspas 群组内洪泛平原和漫滩相泥岩和页岩(如图 5-2 所示)。

　　盆地次要盖层主要是是各组内的局部盖层，白垩系 Simiti 组和 Pajamas 组海侵页岩，分别封盖 Tablazo 组和 Rosa Blanca 组储层。上白垩统 La Luna 组和古新统 Lisama 组盖层为组内海相页岩。上中新统 Honda/Real 群盖层为组内洪泛平原相泥岩。

5.2.4　圈闭

盆地主要圈闭是构造圈闭和岩性圈闭。构造圈闭主要是位于始新世不整合面之下的背斜、断层。岩性圈闭以 Guadalupe 群砂岩尖灭为主。盆地地层区域性东倾,油气向上倾方向的砂体运移,盆地砂岩向西延伸范围不清楚。

5.2.5　成藏组合

中马格达莱纳盆地的主要成藏组合有:古近系挤压岩性-构造成藏组合、古近系挤压构造成藏组合和古近系拉张构造成藏组合。其他次要成藏组合有白垩系构造成藏组合、古近系拉张岩性-构造成藏组合、古近系挤压岩性-构造-地层成藏组合等。

1. 古近系挤压构造成藏组合

古近系挤压构造成藏组合是盆地最重要的成藏组合,以 41 个油田/发现为代表,石油储量为 1305.99MMbo,占盆地同类储量的 49%;凝析油储量 3.03MMbo,占盆地同类储量的 98%,天然气储量为 1511.06Bscf,占盆地同类储量的的 41%。储层主要是 Chorro 群 La Paz 组和 Esmeraldas 组和 Chuspas 群 Mugrosa 组和 Colorado 组的河道砂岩和砾岩,盖层为组内的页岩和泥岩。构造圈闭为褶皱和褶皱-逆冲断层,形成于中新世—上新世。一些褶皱的形成可能始于渐新世—下中新世,在中新世—上新世才最终形成。圈闭形成机制:①与上中新世—上新世向西逆冲断层伴生的背斜,主要沿着盆地中北部和东面的 La Cira 省分布。油气被圈闭在断层下盘断背斜内,向东倾,倾角为 60°,断距为 250～600m,该断层在东面形成侧向封堵(Dickey,1992)。根据 Dickey 资料,构造形成于古新世晚期/前始新世造山运动,背斜顶部的白垩系被剥蚀。油气沿着始新统不整合面向东运移,在断层形成之前进入构造圈闭内。此后,晚中新世或上新世抬升和发生断裂作用。一些断裂作用始于渐新世一直持续到中新世和上新世,具有一定走滑特征。②正断层反转形成上盘背斜。主要圈闭走向为北或北西向,与断层走向相同,该类圈闭包括四类:一是四周封闭的背斜,背斜开阔,倾角很缓,或者东倾斜,翼部较陡,为断层传播褶皱。二是逆冲断层形成的上盘背斜,褶皱的西翼倾角较陡,褶皱东翼倾角很缓,逆冲断层可能切割东翼,也有可能位于褶皱轴面附近。古新统形成的皱逆冲断层在中新统—上新统复活。另外一种观点认为逆冲断层和褶皱可能都在中新世—上新世产生。三是陡倾断层之上的背斜,早期拉张断层发生反转并伴有走滑运动,在这类断层之上产生强制褶皱。这些构造经常被褶皱顶部的次生正断层错断。大部分次生正断层的走向为东西向。四是一些构造圈闭出现于逆冲断层下盘、下盘向斜内(Payoa Oeste 油田和 Sabana 油田)或背斜-向斜结合处(Infantas 油田)。盆地的构造分布与成藏组合类型分布有一定对应关系:具有一定走滑特征正断层分布于盆地西部边缘,正断层构造成藏组合一般沿着这些断层分布;向东,正断层发生构造反转,一些轻微反转的断层产生披覆褶皱或强制褶皱，比如在 Casabe 油田和 Llanito 油田；越往东面，反转构造越显著，复活的基底断层之上的上盘背斜和下盘向斜反转明显；沿着盆地东缘，位于逆冲断层上盘褶皱形成构造圈闭。

2. 古近系挤压岩性－构造成藏组合

古近系挤压岩性－构造成藏组合以 20 个油田/发现为代表。石油储量为 402.20MMbo，占盆地石油储量的 15%，天然气储量为 1784.41Bscf，占盆地天然气储量的 48%。主要储层是始新统—渐新统 Chorro 群和 Chuspas 群 Esmeraldas 组、La Paz 组、Mugrosa 组和 Colorado 组河道砂岩和砾岩。构造圈闭为褶皱、断层上盘的背斜或下盘的断层圈闭。河道砂岩侧向尖灭、上覆形成岩性圈闭。

3. 古近系拉张构造成藏组合

古近系拉张构造成藏组合是盆地第二重要成藏组合，以 22 个油田/发现为代表，石油储量为 856.45MMbo，占盆地石油储量的 32%，天然气储量为 354.22Bscf，占盆地天然气储量的 10%。始新统—渐新统 Chorro 群和 Chuspas 群的 Esmeraldas 组、La Paz 组、Mugrosa 组和 Avechucos 组河道砂岩和砾岩为主要储层，平均孔隙度为 20%~25%，渗透率为 500~1000mD。盖层为组内页岩。盆地西部的正断层形成构造圈闭，始于渐新世持续至中新世—上新世。在此期间，一些断层运动性质发生变化，产生走滑运动。最主要的构造圈闭类型是具有下倾滑动或斜滑的断层，走向为北或北西向，普遍发育牵引背斜，断层活动一直贯穿整个古近纪，但最近一次运动是古近纪晚期。圈闭类型包括以正断层为边界的单斜褶皱和与拉张断层作用有关的下盘隆升。

4. 白垩系构造成藏组合

白垩系构造成藏组合以 11 个油田/发现为代表，石油储量为 41.25MMbo，占盆地石油储量的 2%，凝析油储量为 0.05MMbo，占盆地凝析油储量的 2%，天然气储量为 14.75Bscf，占盆地天然气储量不足 1%。该成藏组合最早发现于 Totumal 油田和 Buturama 油田。储层为下－中白垩统 Rosa Blanca 组和 Tablazo 组微晶灰岩，Salto 组灰岩也是潜在储层。褶皱形成的裂缝对这类成藏组合的成藏非常重要。上白垩统储层包括 La Luna 组灰岩和 Umir 组上部砂岩。Paja 组和 Simiti 组页岩覆盖 Rosa Balanca 组和 Tablazo 组储层，形成区域盖层。La Luna 组储层为夹层页岩被 Umir 组部分页岩封盖。Umir 组砂岩储层被页岩夹层封盖。圈闭是西倾逆冲断层上盘背斜。褶皱在古近纪早期开始形成，终止于中新世—上新世。圈闭类型有：①穹隆状背斜，比如 Buturama 油田；②逆冲断层上盘背斜；③正断层顶部背斜；④逆冲断层下盘背斜。

5. 古近系挤压岩性－构造－地层成藏组合

古近系挤压岩性－构造－地层成藏组合仅在 Toqui-Toqui 油田出现。石油储量为 31.00MMbo，占盆地石油储量的 1%，天然气储量为 45Bscf，占盆地天然气储量的 1%。Toqui-Toqui 油田位于 Cambao 主逆冲断层的北西侧，储层为 Doima 组河流相砂岩。上倾盖层是砂岩尖灭和中新统不整合面削截共同形成。

6. 古近系拉张构造－地层成藏组合

古近系拉张构造－地层成藏组合以 2 个油田/发现为代表，石油储量为 1.20MMbo，占盆地石油储量不足 1%，天然气储量为 0.14Bscf，占盆地天然气储量不足 1%。储层为 Lisama 组河流相和海相砂岩，组内页岩形成盖层。断裂单斜褶皱形成构造圈闭，古新世—始新世不整合面形成地层圈闭。不整合面顶部的 Chorro 群页岩阻止油气向上逃逸。

7. 古近系挤压构造－地层成藏组合

古近系挤压构造－地层成藏组合仅在 1 个油田/发现出现，石油储量为 0.19MMbo，占盆地石油储量不足 1%，天然气储量为 0.10Bscf，占盆地天然气储量不足 1%。储层为 Doima 组砂岩，盖层为组内页岩。坎比奥断层的西侧向西倾斜的逆冲断层的上盘形成封闭。渐新世不整合面形成地层圈闭。

8. 古近系拉张岩性－构造成藏组合

古近系拉张岩性－构造成藏组合以 3 个油田/发现为代表，石油储量为 1.00MMbo，占盆地石油储量不足 1%，是盆地次要成藏组合，主要为非商业发现。储层为 Chuspas 群河流相砂岩，盖层为组内的页岩。构造圈闭是断裂的单斜褶皱，而河道充填的砂岩透镜体尖灭于越岸沉积和冲积沉积的泥岩中，形成岩性圈闭。

5.3　盆地演化与含油气系统

中马格达莱纳盆地是一个多期叠合安第斯次盆地，三叠纪—晚侏罗世是一个裂谷盆地，Pinon 地块碰撞以及中科迪勒拉隆升，白垩纪晚期发生早期安第斯变形。古新世—渐新世早期，东科迪勒拉隆升挠曲，始新世—渐新世形成前陆盆地。早中新世为安第斯多期变形时期，东部的科迪勒拉发生构造运动和进一步的隆升，安第斯构造作用持续至今。根据 Busby 和 Ingersoll(1995)的盆地分类方案，中马格达莱纳盆地属于弧后前陆盆地。

5.3.1　沉积演化

1. 三叠纪—白垩纪

三叠纪—侏罗纪在火山岩基底之上沉积了砾岩和砂岩。

2. 白垩纪

中马格达莱纳盆地在白垩纪处于裂谷后期发育阶段。阿普特－阿尔步期，热沉降控制了盆地的地层沉积，期间盆地发生最大海侵，东科迪勒拉北部发育了下白垩统海相地层，厚达几千米。在南美北部和北西边缘沉积了一部分被动大陆裂谷后期层序。

在早白垩世，裂谷盆地沉积物被古高地隔开。最深的是 Bogota 凹槽（后期倒转形成东科迪勒拉），白垩系沉积超过 8km。海平面在晚白垩纪土仑期—三冬期达到最高值。随后海平面逐渐下降，地层沿 SE-NW 向盆地进积。

晚白垩纪时期，哥伦比亚中西部、北部地区和委内瑞拉北西地区被海水淹没，沉积环境为深水陆棚，向南东逐渐过渡到浅海、滨岸和陆相环境。相带大致沿 NE-SW 展布。

晚白垩纪早期，盆地内主要为深水沉积，主要为页岩，局部地区发育有碳酸盐岩。在三冬期—早坎潘期，燧石较发育，在盆地东北部和盆地东部发育有富含磷酸盐的凝缩段沉积。早期深水陆棚相沉积形成了盆地最主要的烃源岩——La Luna 组。到白垩纪晚期，盆地东边由于海退演变为浅海、滨岸沉积环境，发育了 Umir 组，为一套浅海、三角洲前缘相粉砂质泥岩。

3. 古新世—中渐新世

古新世主要为河流沉积，期间发生小规模海侵，发育海相泥岩。古新世末期经历了一次构造运动，一直持续到始新世末期，挤压使东科迪勒拉隆升，遭受剥蚀。始新世末期发育陆相页岩。渐新世发育陆相河流相沉积，局部发育泥岩和页岩。

4. 晚渐新世—早中新世

安第斯造山运动始于晚渐新世，此时海平面已经退到西部边缘，哥伦比亚地区基本为陆相环境，仅在西面和北西边缘地区为浅海环境。在中部地区形成了一个叉骨状湖泊，被称之为 Bolivar 湖，南部为上马格达莱纳/Putumayo Gualanday/Orteguaza，向北分为（西面的）中马格达莱纳分支、（中间的）Paz del Río Concentración 分支和（东部的）Llanos Carbonera/Maracaibo león 分支。它们都间歇受到海洋的影响，可能在（海平面位于）相对高水位时侵入湖泊体系的溢出点。在此时期，湖泊体系为咸水。

中马格达莱纳盆地在渐新世主要为陆相环境，盆地东部为湖相环境。渐新统以陆相河流沉积为主，主要为砂岩和泥岩。渐新统 Mugrosa 组和 Colorado 组砂岩是盆地主要的油气储集岩，泥岩可以作为盖层。泛滥平原上处于氧化环境的暂时性湖泊或漫滩沼泽，为 Los Corros、Mugrosa 和 La Cria 化石层所代表的软体动物群提供了生活环境。Los Corros 和 La Cira 层微咸水软体动物化石可能证明了较小的海侵影响。零星分布的封闭和排水不畅的沼泽地区堆积了薄层泥炭（煤）和含黄铁矿的黑色泥岩。

5. 新近纪—第四纪

整个新近纪盆地主要为陆相沉积。中新世早期，东科迪勒拉进一步隆升，遭受剥蚀，为盆地沉积提供物源。第四纪，盆地发生安第斯火山活动，发育一层凝灰岩。

古地理表明，中-西科迪勒拉在大约 10~12Ma 前开始显著地抬升，使中哥伦比亚直接遭受与俯冲相关的收缩作用。东科迪勒拉在中中新世的抬升使得盆地与东部亚诺斯前陆盆地分开。哥伦比亚地区在此期间绝大部分区域为陆相环境，仅在北西边缘有浅海、滨岸相分布。亚诺斯湖位于亚诺斯盆地东部，向东紧邻东科迪勒拉。

中马格达莱纳盆地在中新世的沉积地层为 Real 群，属典型的陆相辫状河沉积，物源主要来自于中科迪勒拉。主要为砾岩、粗砂岩和泥岩互层。砂砾石坝迁移形成了具交错纹理的砂砾石沉积；水流能量低的条件下产生席状砂砾石层，形成水平层状砾岩。一些粗粒层和泥岩组合体之间缺少过渡层，表明河道被突然废弃，进入到泛滥平原。

5.3.2　构造演化

白垩系及其以上地层发育众多薄皮构造，深部可能是厚皮构造以及复活的基底构造或下中生界拉张构造(如图 5-3 所示)。白垩系和古近系下部发生褶皱和逆冲形成东科迪勒拉山脉。古近纪，东科迪勒拉山前发育前陆盆地，沉积物向东增厚，主要沉积中心沿着盆地东侧分布。

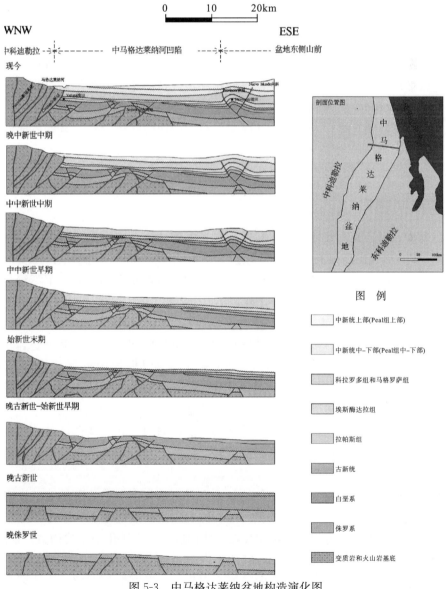

图 5-3　中马格达莱纳盆地构造演化图

1. 同裂谷期

盆地沿着北-北西和北东向断层拉张和沉降,在地堑内发育厚层三叠系—侏罗系。北-北西向的断层可能具有一定走滑性质。三叠纪—中侏罗世,南美北部发生大陆裂谷作用,被动大陆边缘开始形成。

马格达莱纳盆地群和东科迪勒拉发育的拉张断层以及伴生裂谷很难识别,走向可能是北东-南西,与现今构造走向平行。中马格达莱纳盆地一些薄皮断层可能活化中生代拉张地堑。侏罗系厚层熔岩表明曾经发生大规模岩浆喷发并伴随火山岛弧的形成。

东科迪勒拉拉张持续或复活至早白垩世。东科迪勒拉北部主裂谷拉张期形成的盆地内发育下白垩统海相地层,厚达几千米。拉张断层在晚侏罗统—白垩纪早期停止活动(Pindell et al., 2000)。

2. 被动边缘阶段

阿普特期—阿尔步期,正断层作用停止,热沉降导致晚白垩世发生海侵,哥伦比亚大部分地区被淹没,于土仑期—三冬期海侵达到最大。白垩纪,哥伦比亚演化成大西洋型被动边缘,热沉降控制着地层沉积。

白垩纪期间,缺乏隆升或前渊盆地载荷引起的周期性构造活动,裂谷后期构造活动平静(Villamil,1999)。沉降速度与沉积速率大致相同,一直持续到白垩纪结束时期,此时火山岛弧与南美碰撞引起古近纪挤压变形。

3. 前陆构造早期

晚白垩世,南美北东部处于构造转换阶段,由被动边缘向汇聚边缘过渡。马斯特里赫特时期,Pinon 火山岛弧与南美大陆碰撞,中科迪勒拉和东科迪勒拉挤压变形。盆地经历了两次重要的挤压构造事件,形成两个重要的区域不整合面:第一个不整合面位于古新统 Lisama 组和始新统 Chorro 群之间;第二个不整合面位于渐新统—下中新统 Chuspas 群和中新统 Real 群之间。两个不整合面主要在靠近桑坦德地块的盆地北部和东部,后期隆升和向东或西倾斜的褶皱和逆冲断层发育。盆地中部,古新世隆升受到断层的限制,盆地南部 Cambao、Dos Hermanos 和 La Salinas 逆冲断层附近存在相对小的构造。东科迪勒拉的 Villta 和 Portones 背斜是活动的,沿着断裂体系的热液活动(翡翠形成)可以证明。主要逆冲构造形成于盆地东部边界,新近纪构造格局似乎变大。

地壳增厚导致挠曲沉降和发育古近系厚层地层,向西和北西变薄。盆地的西缘产生重要的拉张断层,可能与加勒比边缘区域旋转、挠曲变形或东科迪勒拉构造载荷引起地壳挠曲弯曲有一定关系。

这些区域性构造不仅在中马格达莱纳盆地发育,也在下马格达莱纳盆地发育。中新统被断层错断,表明断层可能在中新世—上新世发生。断层之上的始新统—渐新统沉积相发生明显改变,因此古近纪早期可能存在一些构造运动,活化中生代构造。盆地北部,正断层走向是北东-南西。盆地南部,断层走向却是南-北向或北-北西向。Velasquez 油田的主要边界断层是北东-南西走向,表明它是一个撕裂断层。因此,主要拉张方向是北西－南东向，与东科迪勒拉走向平行。北－北东向构造主要是基底线性构造，被斜碰活化。它们可能是古生代增生和中生代拉张期间的转换体系。

白垩纪末期 Pinon 火山岛弧向北西南美俯冲导致在东科迪勒拉西部和波哥大北部发生造山运动和挤压，反过来又促使西部的前陆盆地的形成。隆升的山脉为盆地提供碎屑沉积物。前陆盆地的形成和变形贯穿整个古近纪，东科迪勒拉构造隆升主要时期（中新世—上新世）达到高峰。

4. 前陆构造晚期

前陆构造晚期变形构造比较发育。中新世—上新世是东科迪勒拉主要隆升期，挤压产生许多逆冲断层，倾向以西倾为主，这些逆冲断层使古近纪早期的中等倾斜的逆冲断层重新活化。白垩系和更年轻的地层里，构造从厚皮构造逐渐过渡到薄皮构造。一些构造可能受到基底以前的构造影响。

在构造反转期，盖层产生强制褶皱，盆地东部和中部基底撕掰断层活化并可能有正断层产生。例如，Casabe 油田，主要构造是拉张断层，其上盘发生反转被抬升。有些反转构造沿着走向拉张，可能伴生断块旋转。东西向的正断层发生弧形变形呈北东－南西向，表明存在右旋剪切。一些正断层存在右旋里德尔剪切。

La Cira-Infantas 逆冲断层复活，使下盘始新统—渐新统早期向斜紧压形成背斜，中生界中发育断层传播褶皱。Infantas-Aguas Claras 断层倾角很陡，Infantas 油田，逆断层倾角为 70°~80°。沿着 La Cira 油田附近，断层向东倾，倾角中等。这些陡倾逆断层表明在构造发育期早期存在走滑运动或向后变陡。走向相同的 Las Monas 油田构造也具有类似特征。

盆地古近纪晚期变形构造样式变化大。盆地西部，仍然存在拉张，活化古新世正断层。沿着盆地中部，古新世断层轻微反转，比如在 Casabe 油田。往东，盆地东部反转更为明显，形成一些薄皮构造，与东科迪勒拉有一定联系。基底背斜之上发育的断层传播褶皱控制着东部油田。基底构造隆升阻止低角度断层移位，这些低角度断层可引起传播褶皱增长和伴生逆冲断层。

单个逆冲断层并不沿着整个东科迪勒拉边界发育，Cambao 断层位移向北传递至 Dos Hermanos 断层，而 Dos Hermanos 断层位移继续向北传递至 La Salinas 逆冲断层。这些逆冲断层上盘形成大型背斜，且发育南北向和东西向断层。东科迪勒拉西缘地堑内发育厚层 Villeta 组页岩。主边界断层倾向不清楚。沿着盆地南缘发育的 Cambao 叠瓦状逆冲断层下盘位移小。但是北面的 Dos Hermanos 和 La Salinas 逆冲断层倾角较小。合理的构造解释为主正断层最初向西倾斜，并伴随着西倾斜的低角度后展式逆冲断层而发育。例如 Dos Hermanos 逆冲断层使叠瓦区基底隆升，但是并未显示出上盘具有一条断裂背斜的特征，该断层倾角随着深度变陡的特征，很可能是一个低角度逆冲断层，并向东面逆冲一定距离进入东科迪勒。

Jones(1995)认为东科迪勒拉隆升引起重力滑动而形成了盆地东侧的逆冲断层，Dos Hermanos 和 Las Salinas 等逆冲引起的缩短量可以被薄皮拉张形成的伸展量所补偿。但是目前没有发现拉张构造，地震资料显示仅有逆冲构造。

东科迪勒拉东部发育右旋走滑断层，Bucaramanga-Santa Marta 断层形成盆地的北东边界，自更新世以来具有左旋走滑位移。Bucaramanga 断层可能是一个大型转换断层。

根据盆地构造特征及演化过程，把盆地划分为两个构造带（如图 5-2 所示）：

(1)东部逆冲构造带。南北向逆断层发育，主要逆断层有 Velasquez、La Salinas、Dos Hemanos、Cambao、Buturama 和 Ibague 等，主要向东倾斜。在 Cambao 和 Buturama 逆冲断层之间发育向斜。

(2)西部拉张构造带。主要发育正断层，南北走向，向东倾斜，构成盆地西部边界，这些断层呈雁列式排列。

5.3.3　油气生成、运移

东科迪勒拉东部深部白垩系可能生油，向上运移至东科迪勒拉。然而，白垩系烃源岩位于许多主向斜之下，比如 Nuevo Mundo、Rio Mineras 和 Guaderas 向斜，埋深超过 4km，目前处于生油窗口内。据中新世—渐新世构造运动产生的裂隙中的石油生化指标可以推断，埋深更大的 La Luna 组目前仍然处于生油窗口内。但是，东科迪勒拉和盆地东部，白垩系烃源岩在古近纪早期进入生油窗口。根据东部山脚和盆地中部埋深和成熟度的对比表明，盆地内经历了几个生油/运移阶段。第一个阶段发生在古近纪早期，烃类可能向西运移至盆地。中新世—上新世，沉积和构造使地层埋深增大，烃源岩发生第二个阶段生油和运移。在中新世构造形成之前，只要没有石油生成或者石油未从向斜里运移出去，这些向斜就可以为盆地中的圈闭充注石油。

白垩系中沥青脉和裂隙表明，盆地曾经发生过大规模的烃类运移。富焦油的油苗及其伴生的气比较常见，一般靠近断层，特别是中新世—渐新世西倾的逆冲断层。

La Cira 油田和 Infantas 油田的研究表明，石油经历了降解和重加热（Dickey，1992），上白垩统和古新统的剥蚀，埋藏史模拟表明 La Luna 组烃源岩晚中新世之前并未达到生油和排泄高峰。Dickey(1992)认为盆地东面，古新世末期剥蚀稍弱地区，马斯特里赫特阶/古新统 Umir 组和 Lisama 组没有完全被剥蚀，始新统残留更厚，烃源岩达到生油门限。晚白垩世可能开始生油，初始运移发生在古新世—始新世。运移过程中，石油发生降解，然后被封闭在始新统砂岩储层并发生热裂解，热裂解一直持续到晚中新世排出之前。古新世期间，东科迪勒拉盆地产生的油气向西面上倾方向运移，中新世东科迪勒拉构造主反转期结束生烃。这些烃类也有可能来自沿着盆地边缘的三个主要向斜之下的埋深超过 4000m 的白垩系烃源岩。

稍轻的石油一般保存在盆地东缘较深的构造内，稍重的石油一般集中在西缘。石油组分的不同可能与次生蚀变作用和盆地内流体迁移有关系，如西部石油暴露于大气降水并发生生物降解。东部发现的石油通过分析表明经历降解，伴随被水冲洗然后重加热。东部石油在古新世成熟，但是隆升和剥蚀导致烃源岩和早期的圈闭被大气降水破坏。渐新世—中新世，马格达莱纳峡谷东侧发育巨厚沉积。此时一些石油从烃源岩排出。东面始新统储层中石油可能全部被重新加热。

1.古新世—始新世白垩系烃源岩成熟演化及油气运移

古新世，在鲁马变质带的前面，足够厚的向 NW 方向变厚的前渊地层可能促使早期的凯撒盆地前渊(和瓜希拉南部)的源岩成熟。始新世，圣哈辛托带开始变成熟，油气垂向运移，因不存在近水平可供长距离运移的输导层。

2. 渐新世烃源岩成熟演化及油气运移

晚渐新世，大多数的安第斯冲断前缘都开始了发育演化，如 Chusma、Cobardes、Chameza、佩里哈和桑坦德等。它们下盘的源岩都具备早期成熟的可能。上马格达莱纳峡谷的 Chusma 逆掩带发育得最好。在中马格达莱纳盆地南端的 Villeta 背斜，其镜质体反射率值超过了 4，可能位于 Cobardes 逆掩带内早期逆掩的下盘或 Chuspas 沉积的最厚处。北部，圣哈辛托带继续演化，其源岩成熟窗的深度在古近纪逐渐上升。

3. 中中新世烃源岩成熟演化及油气运移

晚渐新世开始发育的逆掩带和前渊盆地，在中中新世时促使几乎整个安第斯次盆地的烃源岩成熟。此时的构造变形作用向东跃迁于 Garzón、Quetame 地块和南 Macarena。相对于更早的安第斯前缘，这些区域的逆掩前缘的烃源岩开始成熟的时间稍晚。圣哈辛托带内烃源岩的成熟窗口深度继续上升。

4. 白垩系烃源岩现今成熟演化及油气运移

由于受埋深和年轻的逆掩带向外扩展作用，最初的逆掩带前缘的烃源岩进一步成熟。此时下马格达莱纳、圣豪尔赫和柏拉图裂陷的深度足以使其内部的源岩成熟，但上新世 Plato 抬升，成熟作用受到抑制。考卡山谷沉积物的厚度也足以使局部地区的白垩系和古近系烃源岩成熟。锡努逆掩带被抬升、加厚，也达到成熟的门槛。尽管一些地区已过了主要的生烃阶段，但哥伦比亚很多地区的源岩仍在继续生烃。

5.3.4　含油气系统

盆地最主要的含油气系统是 La Luna-Chuspas/Chorro 含油气系统。

储层为 La Luna 组，TOC 高达 4%，Ⅱ干酪根。主要储层是上始新统—渐新统河流相砂岩，包括 La Paz 组、Esmeraldas 组、Mugrosa 组、Avechucos 组和 Colorado 组。盖层是组内洪泛平原和漫滩泥岩和页岩。次要储层是下白垩统 Rosa Blanca 组和 Tablazo 组海相灰岩、古新统 Lisama 组分流河道地层以及中新统 Honda/Real 群河流相地层。

在被动边缘向汇聚边缘(Pinon 火山岛弧和南美碰撞)过渡的构造背景下，圈闭的形成始于古新世。构造变形以两个区域不整合面为标志，一个发生在始新世，另外一个发生在中新世，这与油气运移两个主要阶段很好地对应起来。晚中新世为生烃高峰期，处于成熟和运移的第二个阶段。

在早中新世构造变形期间，第一个成熟阶段生成一些烃类运移至地表，暴露于大气淡水而降解。因此，盆地内石油的密度变化很大，一般与埋深程度有一定关系，构造越深油越轻。

石油的侧向运移也很重要。地层区域向东倾斜，有利于石油向西运移，充填于盆地西部的圈闭。但是逆冲断层是主要运输通道，特别是在中新统—上新统圈闭地层中。沿着断层发现许多油苗，许多暴露的断层和裂隙存在沥青脉。储层发生轻微渗漏或被新生的石油充填。

根据盆地油气地质条件将中马格达莱纳盆地划分 4 个油气聚集区带（如图 5-4、5-5 所示）：北段东部逆冲构造聚集带、北段西部拉张构造聚集带、南段西部拉张构造聚集带、南段东部逆冲构造聚集带。

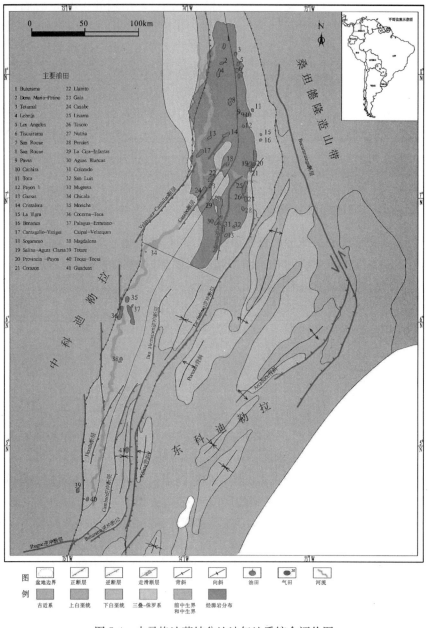

图 5-4　中马格达莱纳盆地油气地质综合评价图

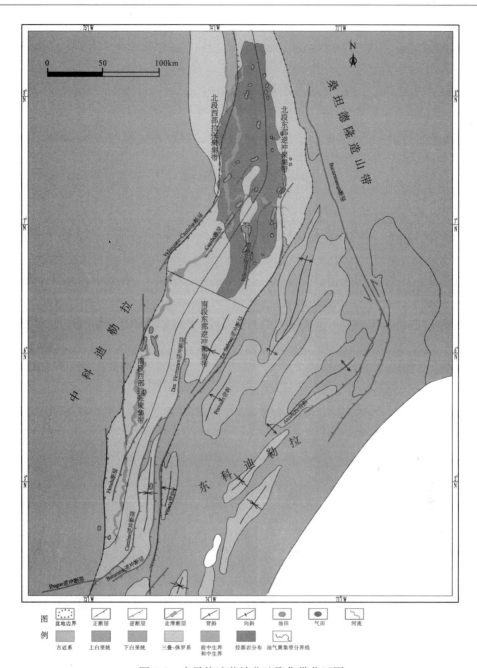

图 5-5　中马格达莱纳盆地聚集带分区图

第6章 马拉开波盆地

6.1 盆地概况

马拉开波盆地是委内瑞拉最主要的含油气盆地之一，也是世界上含油气最丰富的盆地之一。它位于委内瑞拉西北部，其东南缘部分延伸至哥伦比亚。盆地呈北东向延伸，盆地中心为马拉开波湖，它实际上是加勒比海向南延伸的一个海湾，水深30m，湖水微咸，湖水面积占整个盆地的1/4。盆地的西北为佩里哈(Sierra De Perija)山，西南为哥伦比亚桑坦德(Santander)山，东南以梅里达安第斯(Merida Andes)山为界，东北特鲁希略(Trujillo)山的西山麓带将其与法尔孔(Falcon)盆地相隔，北部边界为委内瑞拉湾(如图6-1所示)。盆地总面积61479km²，其中委内瑞拉占55299km²，哥伦比亚占6180km²。

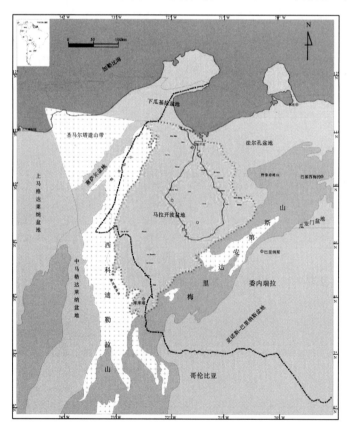

图6-1 马拉开波盆地位置图

6.1.1 马拉开波盆地区域地质特征

1. 马拉开波盆地区域构造特征

马拉开波盆地位于南美洲板块、纳兹卡板块和加勒比板块边界的变形带之上，基底主要由前寒武系变质岩、下古生界褶皱和部分变质岩组成。早期大西洋裂谷形成，海槽沉积地层在侏罗系陆内裂谷沉积物和火山岩之上沉积。白垩纪裂谷后期为被动边缘沉积，主要为台地相灰岩及其相伴生的富有机质碎屑岩。在此期间，周期性沉积海退层序地层，形成三角洲相碎屑岩，物源主要来自于南面的圭亚那地盾。最大海侵发生在白垩纪赛诺曼期—坎潘期。马斯特里赫特期—古新世，马来开波盆地的沉积演化主要受纳兹卡板块和西哥伦比亚板块碰撞的影响，岛弧-大陆碰撞致使中科勒迪拉形成，并使马拉开波从被动边缘向活动带转变。

加勒比板块和南美板块斜向碰撞致使 Lara 逆冲带的形成，从而终结了盆地北部和东北部的被动大陆边缘。Lara 推覆体在古新世晚期开始向盆地南部迁移并持续至始新世。早-中始新世，马拉开波盆地沉积环境很复杂，主要受当时地形地貌控制，发育三角洲/海湾、滨岸/河流以及海相沉积体系。晚中新世，在加勒比外来体的前缘，前陆发生翻转或扭压，导致晚始新世—渐新世期间局部基底隆升和剥蚀。

中新世，亚桑坦德山、佩里哈山和梅里达安第斯山地区发育大规模的挤压造山运动，梅里达安第斯造山运动持续至上新世—更新世。与马拉开波湖区相比，佩里哈和梅里达安第斯山为板块活动边界，分别为马拉开波微板块西部和西南部边界。它们的存在补偿了新近纪马拉开波微板块与哥伦比亚岛弧汇聚以及马拉开波微板块与南美克拉通汇聚碰撞引起的缩短量。梅里达安第斯山的快速隆升在山前缘沉积磨拉石，厚度逐渐向安第斯山方向递增以响应沉积载荷挠曲。

目前该区许多走滑断层仍然活动，使马拉开波微板块完全与南美大板块、加勒比、太平洋板块完全脱耦。主要走滑断层如下（如图 6-2 所示）：

（1）Oca、Caribe 和 El Pilar 东西向断层，正断层或者右旋走滑，对加勒比外来体从南美北部克拉通脱耦有一定作用，使加勒比板块向大西洋逃逸。

（2）Bocono 断层，位于梅里达安第斯，北东向右旋走滑，可能与马拉开波微板块与南美大板块斜碰汇聚有关。

（3）南北向—北西向 Santa Marta-Bucaramanga 断层和北东向佩里哈和 El Tigre 断层。前者切割 Bucaramanga 安第斯，后者切割佩里哈，二者为马拉开波微板块的西部边界。

2. 马拉开波盆地地层特征

马拉开波盆地的地层发育较为齐全，古生界至新生界均有发育，但盆地不同部位的地层发育特征差异大，地层名称不统一，特别是组的名称繁杂，多达几十个（如图 6-3 所示）。

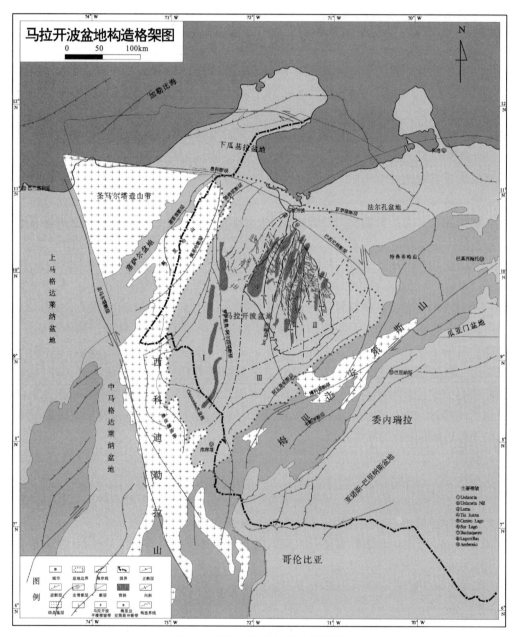

图 6-2　马拉开波盆地构造格架图

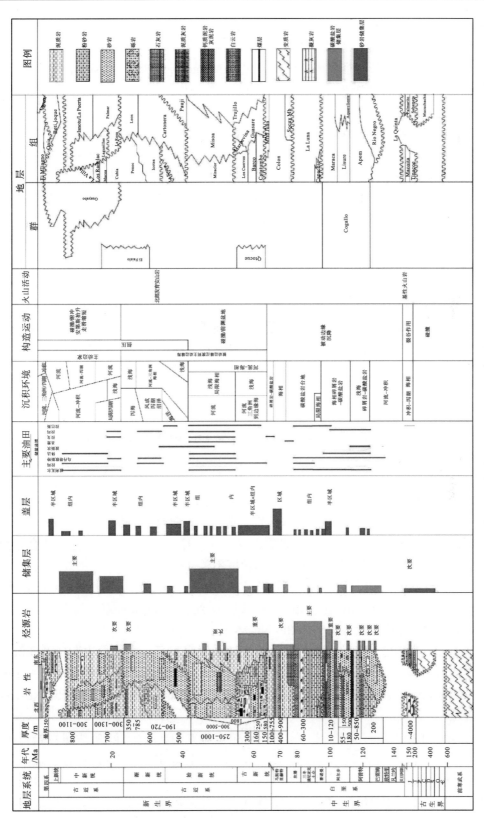

图6-3　马拉开波盆地地层综合柱图图层综合柱状

　　盆地基底主要由前寒武系和下古生界火山岩和变质岩构成。前寒武系结晶基底由长英质石榴石和角闪质片麻岩组成，局部为变质麻粒岩相。下古生界结晶基底由石英岩、千枚岩、片岩、变质砂岩和变质砾岩组成，包括 Mucuchachi 组、Iglesias 群等。盆地基底最大埋深可达 6096m，总体上呈现北西浅南东深的趋势。

　　1）上古生界

　　佩里哈地区发育泥盆系海退沉积物，同时有花岗质岩侵入。梅里达安第斯地区，发育志留系拉德洛—卡拉道克阶 Caparo 组，陆棚相，水深逐渐变深，沉积 Cerro Azul 组，后遭受轻微变质作用。梅里达安第斯地区，Mucuchachi 组自下古生界至石炭系，变质作用稍强。在华力西造山带的前陆盆地沉积砂岩和页岩，上覆地层为石炭系厚层复理石。Palmarito 组为海相泥岩和泥灰岩夹少量砂岩，向上渐变为浅水陆棚碳酸盐岩。

　　2）侏罗系

　　（1）La Quinta 组为陆相红层夹火山熔岩，盆地内分布广泛，主要位于南北向的裂谷内，厚度为 1270～3400m，红层主要是由漂石、砾岩、砂岩和杂色泥岩，盆地西部主要发育火山岩。砾岩砾石主要来自基底，被砂岩、泥岩和薄层灰岩覆盖，其上发育厚层火山碎屑岩。西部出现侵入岩，如石英二长岩、花岗岩和闪长岩。该组与上覆 Rio Negro 组呈角度不整合接触，与下伏 Macoita 组呈整合接触。

　　（2）Tinacoa 组为砂岩、火山碎屑岩、钙质页岩和灰岩，属过渡相、陆棚相沉积，与上覆 Macoita 组呈整合接触，与基底呈不整合接触。

　　（3）Macoita 组为砾岩、火山碎屑岩、碳质页岩和灰岩，泻湖、浅海相沉积，厚度为 920～2350m。该组出露于盆地西部，与上覆 La Quinta 组呈整合接触，与下伏 Tinacoa 组呈整合接触。

　　3）下白垩统

　　（1）Rio Negro 组为净石英砂岩，局部为卵石或砾岩，河流相，厚度为 5～1500m，平均厚度为 200m。主要分布于盆地 Icotea 线性构造西部，向西南逐渐增厚。物源大部分来自东部的圭亚那地盾，少部分来自西北部。该组与上覆 Aguardiente 组呈不整合接触、Apon 组呈整合接触，与下伏 La Quinta 组呈角度不整合接触。

　　（2）Cogollo 群由灰岩、钙质砂岩和页岩组成，陆棚沉积，厚度为 370～500m，平均厚度 460m，包括 Aguardiente 组、Apon 组、Lisure 组、Maracaibo 组，与上覆 La Luna 组和 Capacho 组呈整合接触，与下伏 Rio Negro 组呈整合接触。

　　（3）Apon 组为浅海相碳酸盐岩，下部为泻湖和浅海沉积，中部为浅海到潮间沉积，上部为开阔海沉积。该组 Tibu 段厚度为 150～210m，Mercedes 段厚度为 120～210m，Machiques 段厚度为 30～205m，与上覆 Aguardiente 组呈整合接触，与下伏 Rio Negro 组呈整合接触。

　　（4）Lisure 组为砂屑石灰岩，梅里达安第斯和盆地东南部渐变为含有少量页岩和灰岩的 Aguardiente 组，海相沉积，厚度为 55～180m，与上覆 Maracaibo 组整合接触，与下伏 Apon 组整合接触。

　　（5）Aguardiente 组厚度为 50～850m，海陆过渡相和海相沉积，与 Apon 组呈指状交错。梅里达背斜两翼沉积了浅海相碳酸盐岩，下部为局限海和浅海相沉积，中部为浅海相－潮间沉积，上部为开阔海相沉积。盆地东南部则为富含石英的粗粒砂岩夹一些页岩和煤层。顶部砂岩层厚可达 10m，经常夹薄层煤层，交错层理，物源来自盆地东部。该组与上覆 Capacho 组和 Maracaibo 组整合接触，与下伏 Rio Negro 组整合－不整合接触、Apon 组整合接触、La Quinta 组不整合接触。

（6）Lagunillas 组为砂岩、泥岩，河流、三角洲及浅海相沉积，厚度为 300～1300m，平均厚度 800m，与上覆 Isnotu 组和 La Puerta 组整合接触，与下伏 La Rosa 组不整合接触。

（7）Maraca 组为灰岩、页岩、泥灰岩、海绿石砂岩和钙质砂岩，海相沉积，厚度为 10～120m，南部为浅海高能潮控三角洲相。梅里达背斜发育海侵过程中的浅水台地相碳酸盐岩。该组与上覆 Capacho 组整合接触、La Luna 组不整合接触，与下伏 Lisure 组整合接触。

（8）Mercedes 组为砂岩、钙质页岩和碳酸盐岩，浅海沉积，厚度为 120～210m。

（9）Uribante 群为灰色、绿色海绿石和钙质细－粗粒砂岩夹黑色页岩，交错层理。上部夹少量灰岩，中部主要为灰色含化石灰岩和页岩，下部为灰岩夹页岩和砂岩，底部可见粗粒砂岩，含卵石，浅海沉积。最大厚度为 500m，包括 Aguardiente 组、Apon 组和 RioNegro 组，与上覆 Cogollo 组整合接触。

4）上白垩统

（1）La Luna 组为深黑色薄层泥岩和粒状泥灰岩夹少量页岩，厚度为 30～300m，平均厚度为 60m，浅海厌氧环境，最大泛洪沉积，但古水深备受争议，从 150～1000m 不等。结核很常见，围绕双壳类和头足类成核，浮游生物和深海生物化石丰富，但底栖生物化石很少，一般向上和向北燧石增多。底栖生物化石少见和浮游生物化石丰富，表明沉积环境为深水局限海相。该组与上覆 Colon 组呈整合接触，与下伏 Capacho 组呈整合接触。

（2）Colon 组以页岩为主，浅海陆棚沉积。Cataumbo 次盆地内 Colon 组底部为含黄铁矿结核状页岩夹海绿石砂岩，局部有磷灰岩，含有孔虫化石，厚度为 450～900m，平均厚度为 600m，向西逐渐变厚。盆地深部其顶部是薄层灰岩和煤层。该组与上覆 Mito Juan 组整合接触，与下伏 La Luna 组和 Capcho 组整合接触。

（3）Capacho 组主要为黑色粉砂质页岩，夹厚约 2～3m 的块状灰岩，发育于梅里达安第斯地区，陆棚沉积，厚度为 180～600m，平均厚度为 300m。Catatumbo 次盆地中的 Las Ventanas 断块 Capacho 组分为上、中、下三段，下部为黑色含有机质和沥青钙质页岩夹深灰色灰岩，含有孔虫化石；中部为深灰色页岩夹粉砂岩和灰岩；上部为灰－红色灰岩夹薄层页岩和粉砂岩，自北向南逐渐变厚。该组与上覆 La Luna 组整合接触，与下伏 Cogollo 群整合接触。

（4）Mito Juan 组为泥岩和砂岩，浅海陆棚沉积，厚度为 100～750m，与上覆 Catatumbo 组不整合接触，与下伏 Colon 组不整合接触。

（5）Orocue 群为砂岩、粉砂岩和钙质泥岩夹煤层，局限海沉积，包括 Barco 组、Catatumbo 组和 Los Cuervos 组，与上覆 Mirador 组整合接触，与下伏 Mito Juan 组整合接触。

5）古新统

(1)Trujillo 组为砂岩和泥岩,河流相、深海相沉积,平均厚度为 1800m,与上覆 Misoa 组整合接触,与下伏 Guasare 组整合接触。

(2)Catatumbo 组为黑色钙质页岩夹绿色-灰色生物扰动砂岩和煤层,交错层理,海陆过渡相和局限海沉积,厚度为 100~270m,平均厚度为 150m。该组与上覆 Barco 组整合接触,与下伏 Mito Juan 组整合接触。

(3)Barco 组厚度为 80~280m,平均厚度为 160m,与上覆 Los Cuervos 组整合接触,与下伏 Catatumbo 组整合接触。

(4)Marcelina 组下部为砂岩/泥岩夹层,上部为夹煤层,三角洲相和海相沉积,厚度为 137~610m。砂岩侧向渐变成浅海相页岩和碳酸盐岩。该组与上覆 Mirador 组和 Misoa 组呈不整合接触,与下伏 Guasare 组呈整合接触。

(5)Los Cuervos 组为碳质泥岩和砂岩,河流、三角洲相和局限海沉积,厚度为 200~490m,平均厚度为 300m。该组含有 8~10 层煤层,厚度为 0.1~2.5m,与上覆 Mirdor 组呈不整合接触,与下伏 Barco 组呈整合接触。

6)始新统

(1)La Sierra 组为砂岩、砾岩和泥岩,属海相沉积,厚度为 20~140m,与上覆 El Fausto 群呈不整合接触,与下伏 Orocue 群呈不整合接触。

(2)Mirador 组为泥岩和砂岩,河流相、浅海陆棚沉积,厚度为 30~800m。盆地西部发育杂砂岩带,盆地东南部为富石英的砂岩。薄层砾岩发育于盆地西面和西南,与上覆 Carbonera 组呈整合接触,与下伏 Barco 组和 Los Cuervos 组呈不整合接触。

(3)Pauji 组为砂岩和泥岩,覆盖盆地大部分地区,海侵时期海相三角洲、浅海、深海斜坡沉积,厚度为 200~1200m,平均厚度为 500m。西南主要为砂岩,在盆地的东部主要为页岩和泥岩。该组与上覆 Carbonera 组呈不整合接触,与下伏 Misoa 组和 Trujillo 组呈整合接触。

(4)Misoa 组为砂岩和泥岩,厚度为 300~5000m,平均厚度为 800m。垂向上可分成三个相带:①厚 7~20m 的砂岩体;②泥岩夹砂岩;③泥岩。砂岩为板状,非河道沉积,大量生物扰动,交错砂层顶部为对称波痕,上覆薄层泥岩,化石稀少,但种类多,有海胆类、双壳类和腹足类。沉积环境为潮汐砂体,偶受风暴影响。在盆地的东北最厚,在梅里达背斜因剥蚀缺失。该组与上覆 Carbonera 组、Icotea 组、Leon 组和 Santa Rita 组呈不整合接触,LaRosa 组呈角度不整合接触,Paujia 组呈整合接触;与下伏 Marcelina 组呈不整合接触、Trjillo 组呈整合接触。

7)渐新统

(1)Icotea 组为砂岩、粉砂岩和页岩,陆相沉积,最大厚度为 200m,平均厚度为 40m,与上覆 La Rosa 组呈不整合接触,与下伏 Mirador 组和 Misoa 组呈不整合接触。

(2)El Fausto 群为砂岩、泥岩,海相沉积,包括 Cuiba 组、Macoa 组和 Peroc 组,与上覆 Los Ranchos 组呈整合接触,与下伏 La Sierra 组呈整合-不整合接触、Ceibote 组呈不整合接触。

(3)Peroc 组为砂岩、粉砂岩和泥岩,厚度为 100~1200m,与上覆 Macoa 组呈整合接触,与下伏 Ceibote 组呈不整合接触。

　　(4)Leon 组为页岩、砂岩和泥岩，浅海沉积，厚度为 200～785m，平均厚度为 350m，与上覆 Guayabo 组和 Palmar 组呈整合－不整合接触，La Rosa 组呈不整合接触；与下伏 Carbonera 组呈整合－不整合接触。

　　8)中新统

　　(1) Los Ranchos 组为砂岩、泥岩、粉砂岩，泻湖、局限海沉积，厚度为 790～1500m，与上覆 La Villa 组呈整合接触，与下伏 Cuiba 组整合接触。

　　(2)La Rosa 组为滨岸、陆棚相砂岩，厚度为 50～250m，平均厚度为 120m，分为 La Rosa 砂岩段和 Santa Barbara 段，中间夹页岩。在盆地南面，Santa Barbara 段因剥蚀而缺失。该组与上覆 Lagunillas 组呈不整合接触，与下伏 Icotea 组呈不整合、Misoa 组呈角度不整合。

　　(3)Macoa 组为砂岩、粉砂岩和泥岩，泻湖和浅海沉积，厚度为 115～400m，与上覆 Cuiba 组呈整合接触，与下伏 Peroc 组呈整合接触。

　　(4)Palmar 组发育于梅里达安第斯地区，由几十个砾岩、砂岩、页岩和泥岩沉积旋回组成，属河流沉积，厚度为 300～1300m。砾石来自白垩系和古新统。沉积构造表明物源主要来自东部，安第斯早期顶部剥蚀的产物。砾石上部颗粒粗，离物源更近，表明沉积中心向西迁移。安第斯山北部，缺失该组。该组与上覆 Isnotu 组呈整合接触，与下伏 Icotea 组呈不整合接触、Leon 组呈整合－不整合接触。

　　(5)La Villa 组为砂岩、粉砂岩和泥岩，厚度为 900～1200m，与上覆 El Milagro 组呈角度不整合接触，与下伏 Los Ranchosa 组呈整合接触。

　　(6)Isnotu 组为磨拉石沉积，物缘来自安第斯山，由多个冲积堤岸相砾岩和砂岩旋回组成，其上为页岩和薄层交错层理砂岩。砂岩底部常有生物扰动，部分沉积构造保存完好，多见植物碎片。砾岩颗粒直径一般向上递减，表明远离物源区。该组厚度为 300～1100m，与上覆 Betijoque 组呈整合接触，与下伏 Lagunillas 组和 Palmar 组呈整合接触、Pauji 组呈不整合接触。

　　(7)La Puerta 组为砂岩、粉砂岩和泥岩，厚度为 170～1400m，与上覆 El Milagro 组呈角度不整合接触、Onia 组呈整合接触，与下伏 Lagunillas 组呈整合接触。

　　(8)Betijoque 组主要由砂岩组成，分选性很好，属冲积沉积，该组保存了梅里达安第斯山地区构造运动的痕迹，最大厚度为 4365m，露头出露于湖泊东岸和梅里达安第斯山地区。该组与上覆 Carvajalzu 组呈角度不整合接触，与下伏 Isnotu 组呈整合接触、Lagunillas 组呈不整合接触。

　　(9)Cuiba 组为泥岩和砂岩，厚度为 470～825m，与上覆 Los Ranchos 组呈整合接触，与下伏 Macoa 组呈整合接触。

　　(10)Carbonera 组属海退沉积，南部由含菱铁矿的灰色泥岩和绿色－灰色砂岩组成，底部发育有煤层，局部发育薄层灰岩。该组厚度为 190～720m，平均厚度为 350m，与上覆 Leon 组呈整合接触，与下伏 Mirador 组呈整合－不整合接触、Misoa 组和 Pauji 组呈不整合接触。

　　(11)Parangula 组为砂岩和页岩，属河流沉积，厚度为 550～1400m。

　　9)上新统

(1)Guayabo 组属陆相沉积，最大厚度 900m，露头出露丁 Cerro Guayabo、Colon、委内瑞拉地区，与上覆 Necesidad 组呈不整合接触，与下伏 Leon 组呈整合接触。

(2)Guasare 组为泥岩、砂岩和灰岩，海陆过渡和陆棚沉积，北部钙质成分含量多，西南碎屑含量多，物源可能来自西面，厚度为 120～370m，与上覆 Marcelina 组和 Trujillo 组呈整合接触、Misoa 组呈不整合接触，与下伏 Mito Juan 组呈不整合接触。

(3)Onia 组为砂岩、粉砂岩和泥岩，属河流、泻湖沉积，厚度为 95～1220m，与上覆 El Milagro 组呈正常接触关系（nothing specific），与下伏 La Villa 组呈不整合接触。

10）更新统

Carvajal 组为砾岩、砂岩组成，属冲积沉积，最大厚度为 150m。

11）全新统

El Milagro 组为砂岩、粉砂岩，属河流、泻湖及过渡沉积，厚度为 33～150m。

6.1.2 马拉开波盆地油气勘探开发概况

盆地地震勘探 61200km，地震勘探密度为 1km/km²，1914 年发现第一个油气田 Mene Grande 油气由。Tia Juana 油气田是盆地最大的油气田，发现于 1928 年，石油储量为17530MMbo，气田储量为 19456Bscf。盆地钻井数为 27895 口，其中生产井 11520 口，油田 72 个，气田 7 个。油气富集程度：石油为 1042055bbl/km²，天然气为 1117MMscf/km²，油当量为 1228277boe/km²。盆地中北部勘探程度达到成熟，周边及南部未成熟。

6.2 油气地质特征

6.2.1 烃源岩

盆地主要烃源岩是上白垩统 La Luna 组（如图 6-4、6-5 所示），生成马拉开波盆地 90％以上的油气，次要烃源岩为 Capacho 组和 Apon 组。

1. 主要烃源岩

上白垩统赛诺曼阶—坎潘阶的 La Luna 组主要由沥青质灰岩夹薄层钙质泥岩组成。TOC 值非常高，为 1.5％～15.6％，平均值为 3.8％，Ⅱ干酪根，易生油，非晶质，含少量海藻碎屑和极少的镜质体颗粒，属海相厌氧环境沉积。未成熟样品烃指数最大值可达 700mgHC/gTOC，平均值为 650mgHC/gTOC，随着成熟度的增加而降低。镜质体反射率为 1.3％（如图 6-6 所示），生油窗口结束时，平均烃指数大约为 100mgHC/gTOC。始新世末期开始成熟，绝大部分在中中新世开始成熟，现在大部分地区仍然处在生油窗内。

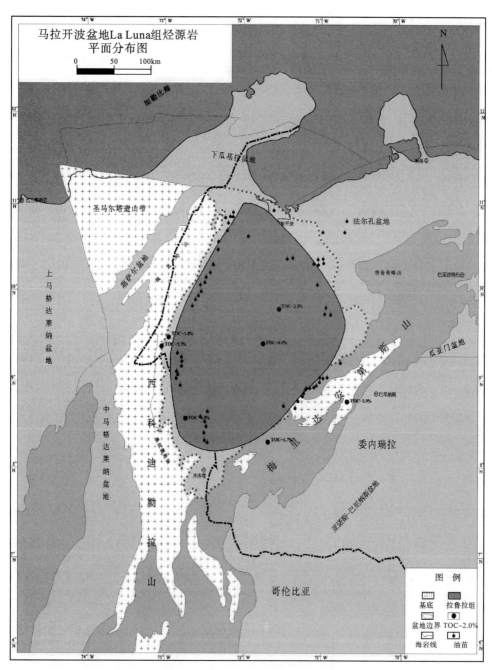

图 6-4　马拉开波盆地 La Luna 组烃源岩平面分布图

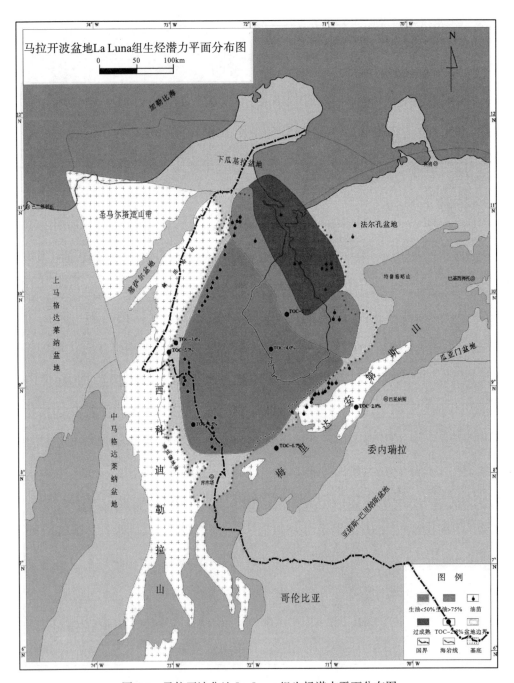

图 6-5　马拉开波盆地 La Luna 组生烃潜力平面分布图

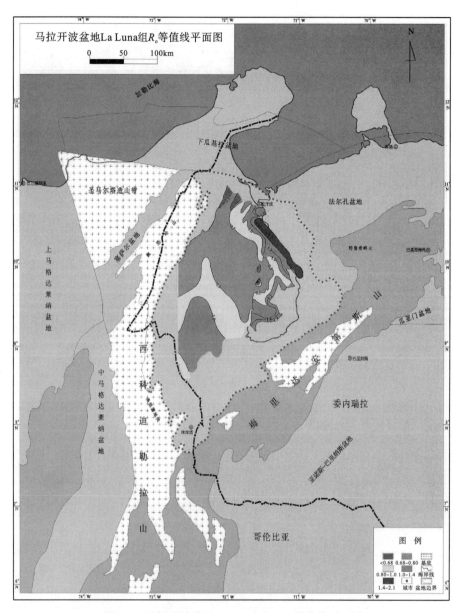

图 6-6　马拉开波盆地 La Luna 组 R_o 等值线平面图

La Luna 组烃源岩在整个盆地都有出露（如图 6-3 所示），在盆地北部相对较厚，厚度可达 146m 以上，而盆地中部和东部相对较薄，厚度仅为 61m。

盆地内 La Luna 组未成熟到过成熟均有。盆地中北部和西部处于生油窗口内，盆地中部至东南部（安第斯前渊）包括马拉开波湖区都处于生气窗口内（如图 6-7 所示）。佩里哈和梅里达安第斯地区，出露的 La Luna 组处于过成熟。盆地中部地区 La Luna 组烃源岩的演化进程和成熟时间与其他地区不同（Talukdar et al.，1986）。马拉开波湖中部 La Luna 组烃源岩在中中新世末期达到成熟，湖区的西南部进入生油窗。马拉开波湖大部分地区的 La Luna 组烃源岩中新世末期达到成熟，梅里达安第斯前缘地区烃源岩也达到成熟。

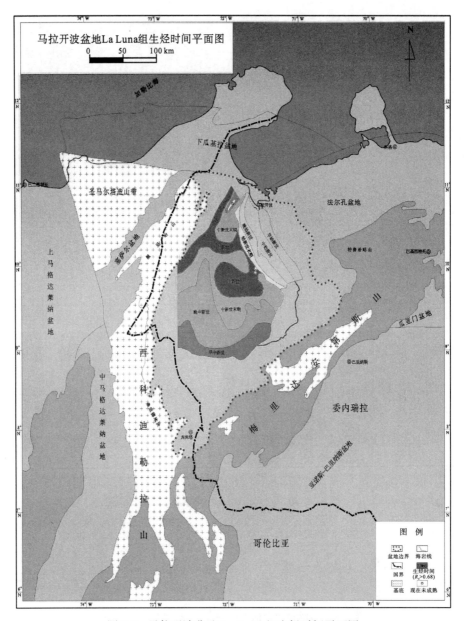

图 6-7 马拉开波盆地 La Luna 组生烃时间平面图

2. 次要烃源岩

(1)Apon 组泥页岩，在盆地西部一些油田样品中 TOC 高达 2.8%，平均值为 1.14%，Ⅱ型干酪根，生油潜力中等为 2～5kgHC/t。Catatumbo 次盆地内，其有机质含量低，平均 TOC 仅为 0.7%。

(2)Capacho 组分布于盆地西南部，类似于 La Luna 组的下部和中部，TOC 介于 0.6%～8.3%，平均值为 3.1%，Ⅱ型干酪根。生油潜力为 0.3～29.8kgHC/t，对 La Luna-Misoa/Lagunillas 含油气系统有一定贡献。

6.2.2 储层

马拉开波盆地储层层位比较多,主要储层是始新统和中新统。

1. 基底和同裂谷期储层

盆地前白垩系主要包括侏罗系沉积物、火山岩以及老的结晶基底。由于缺乏钻井资料,对前白垩系储层储集特征和分布知之甚少。基底产量局部特别高,如 La Paz-Mara 地区油气产量累计超过 350MMboe。La Paz 油田是世界上最大的此类型储层油田。La Paz 地区,最重要的基底储集岩为深黑色、粗粒-细粒结晶花岗闪长岩(可能是前寒武系),其顶部存在厚度至少 2m 的强风化带,被厚约 10m 的砂砾岩和砂岩覆盖,由棱角-次棱角石英颗粒组成,主要来自花岗闪长岩。基底岩性变化较大,有云母片岩、片麻岩、石英岩和低变质岩,其储集类型为有裂隙-孔隙型。La Quinta 组砂岩物性较差,原生孔隙差且缺乏裂隙。花岗岩侵入 El Palmar 组,其他基底出露于佩里哈地区,一般向南东倾斜。Totumo 地区,花岗闪长岩厚 300m;La Paz-Mara 油田,平均埋深 2700m;Camp Centro Cl-20 井埋深 4900m;湖区中部 SLC-1-2 井埋深 5663m,基底储层年龄不确定。除侏罗统 La Quinta 组产少量油气外,大部分油气产于早古生界和前寒武系侵入岩基底。P-87-Z 井(La Paz 油田)测得平均孔隙度为 1.1%,有效率孔隙度为 0~4%,最大渗透率为 40mD。

2. 白垩系储层

白垩系储层发育于 Uribante 群、Rio Negro 组、Cogollo 群(包括 Aguardiente 组、Apon 组、Lisure 组和 Maaraca 组)、La Luna 组、Colon 组和 Mito Juan 组。

1)灰岩储层

白垩系灰岩储层主要发育于 Uribante 群、Apon 组、Lisure 组和 Maracaibo 组、La Luna 组和 Colon 组 Socuy 段。灰岩储层是许多油田的主要产层,如自 La Paz/Mara,La Concepcion Sibucara 至马拉开波湖北西部以及 Catatumbo 次盆地 Tarra、Lama 和 Centro 地区的油气田。

白垩系灰岩总厚度变化不大,盆地北部 UD-101 井厚度为 351m,盆地中部 CL-20 井厚度为 315m,盆地南部 SLC-1-2-X 井厚度为 305m。湖泊西部向 Machiques 海槽厚度增大,Alturitas-1 井厚度为 563m,南部 WT-1 井厚度为 701m。

白垩系灰岩储集空间类型有粒间孔、溶蚀孔和裂隙,且不同成岩阶段类型不同。Socuy 段和 La Luna 组经压实,一般不含有粒间孔隙;Marac 组、Lisure 组和 Apon 组属高能环境沉积,具有良好的粒间孔,但是大部分被成岩作用和酸性地下水所破坏,原生粒间孔隙度达 3%~12%。区域上,孔隙度随着含砂量增加而增加,如 Apon 组灰岩逐渐变成 Aguardiente 组钙质砂岩。

与构造运动伴生的裂隙是最重要的储集空间。对 La Paz 油田和 Mara 油田的岩芯研究表明:La Paz 油田储层基质平均孔隙度为 3%,Mara 油田储层基质平均孔隙度为

1.9%，Urdaneta 油田储层原生和次生孔隙之和可达 5%。

2）砂岩储层

白垩系砂岩储层发育于 Uribante 群、Rio Negro 组、Aguardiente 组和 Mito Juan 组。油气储量累计至少 700MMboe，是盆地次要的储层。原生粒间孔隙可达 25%，渗透率达 3000mD。

3. 古新统储层

古新统储层虽然产量少，但分布广，主要为 Barco 组、Catatumbo 组、Guasare 组、Los cuervos 组和 Marcelina 组内的砂岩，Tarra Oeste 油田、Rio Zulia 油田、Sardinata 油田和 Tiburon-Socuavo 油田的油气主要产于以上各储层。Catatumbo 组净厚度介于 10～35m，孔隙度介于 5%～32%，平均渗透率为 77mD。Barco 组净厚度介于 10～110m，孔隙度介于 7%～20%，渗透率介于 40～933mD。Los Cuervos 净厚度为 5m，孔隙度为 7.5%～15.5%。Guasare 组是 Lama 油田的次要产层，其储层参数未知，马拉开波湖中部 VLA-14 井钻穿 Guasare 组，但无产量。另外，马拉开波湖的西北部，La Paz、Mara 和 La Concepcion 油田 Guasare 组有一定的产能，储层由压实较差的砂岩组成，平均孔隙度为 18%，平均渗透率为 267mD，湖区西部的 Alturitas 油田，同样具有产能。

4. 中下始新统储层

整个始新统在马拉开波湖及其附近地区南和西南部很薄或缺失，北东最厚，可达 6096m。

Mairdor 组和 Misoa 组是主要储层，且二者具有一定联系。Mirador 组主要分布于盆地的南部，Misoa 组分布于玻利瓦尔海岸油田、湖区中部和盆地西北部。Misoa 组是盆地最重要的储层，蕴藏可采储量最大。次要储层主要发育于 Pauji 组、La Sierra 组和 Trujilloz 组。

Misoa 组自西南向东北，海相地层增多，厚度加大，如湖泊区北东边缘 Tia Juana 地区该组厚度比 Campoa Centro 地区大 1600m，泥岩含量增加，砂岩含量减少，颗粒平均粒径减小。Misoa 组储层空间结构分布受控于河道叠置。盆地东北部存在一个与盆地北东边缘平行的枢纽断层，Misoa 组下部沉积环境逐渐变成深水沉积而成为 Trujillo 组，砂岩的孔隙度和渗透性都较差。

根据测井资料，B-6 砂岩几乎全是脆性粗－较粗粒砂岩，厚度可达 70m。C-2 砂岩厚达 50m，分成两个地层单元，中间夹泥岩。C-4 砂岩为块状砂岩，厚度为 60～70m，砂岩厚度因地区不同而不同。B 砂岩上部遭受剥蚀，湖区中央 Icotea 断层西翼 C 砂岩发育良好。Tia Juana 油田和 Lagunillas 油田的 B 砂岩平均孔隙度达 22%，Menehune Grande 油田 B 砂岩孔隙度介于 24%～31%，Lamar 油田 B 砂岩平均孔隙度达 24%，但 Lama 油田南部 B 砂岩平均孔隙度为 21%，Publo Viejo 油田西部 B 砂岩平均孔隙度达 19%。C 砂岩平均孔隙度较低，可能是成岩作用的结果。Lama 南部 C 砂岩下部平均孔隙度为 16%。靠近 Icotea 断层 C 砂岩平均孔隙度为 18%～23%。Lamar 油田 C-1 砂岩平均孔隙度为 20%，C-3 和 C-4 砂岩平均孔隙度为 17%。Puebol Viejo 油田的西部 C 砂岩平均孔隙度仅为 16%。

Mirador 组是 Catatumbo 次盆地的重要储层之一，为三角洲厚层砂岩，其分布较下伏古新统更广，长石砂岩和碳酸盐岩被溶蚀形成高孔隙度储层。多处露头发现油苗，砂岩油气呈浸染状。

盆地东部 Trujillo 组砂岩最大厚度为 150m，平均孔隙度为 10%，平均原生渗透率为 102mD，裂缝加大储层渗透率。上覆于 Pauji 组的砂岩平均净厚度为 30m，平均孔隙度为 12%，渗透率为 25~40mD。

玻利瓦尔海岸油田始新统砂岩的渗透率一般比较高（Tia Juana 地区高达 7500mD），而其他地区相对低，但仍属高渗储层，盆地西北部 La Paz 油田为 500mD，Rio Zulia 油田为 80mD。始新统储层蕴藏的储量近一半来自波尔瓦尔海岸油气田，1/4 来自于湖区中央油田，剩余部分来自于盆地西北部、Catatumbo 次盆地以及其他地方。

5. 渐新统储层

渐新统 Icotea 组砂岩和 Carbonera 组砂岩也是盆地重要的储层，渐新统 Icotea 组砂岩主要分布于湖区内，Carbonera 组砂岩主要分布于与湖区紧邻的西部地区，东部很薄或缺失，西部厚。Icotea 组沉积于始新世后期准平原化的低洼地区，砂体延伸不远，具体发育于玻利瓦尔海岸油田的东北部、Cabimas 和 La Rosa 背斜以及 Cabimas-La Rosa 油田部分地区。湖区的西部以及 Boscan 油田，砂岩净厚度为 15~25m，产重油。Urdaneta 地区，粗粒砂岩也产重油。Carbonera 组属三角洲/河流相砂岩，储层质量好，如 Tibu 地区砂岩平均孔隙度为 27%。

6. 中新统储层

中新统两个主要储层为 La Rosa 组底部 Santa Barbara 段砂岩和上覆 Lagunillas 组。La Rosa 组底部为海岸砂岩，形成于海侵时期，被海退泥岩所封盖。Lagunillas 组储层主要为河道砂岩，削截下伏泥岩，向上渐变成陆相河流地层。平均渗透率一般在 100mD 以上，平均孔隙度在 25% 以上。两个储层单元发育于玻利瓦尔油田和湖区中心（Lama 和 Lamar 油田），厚度薄，向西延伸至湖区西岸的 Urdaneta 地区。

Isnotu 组砂岩是中新统另一个重要的储层。在湖泊西北厚度仅为 152m，靠近梅里达安第斯可达 4572m，在 Mene Grande 油田，砂岩净厚度为 15~46m。主要由磨拉石组成，砂岩和砾岩形成多个旋回，上部过渡到页岩和薄层交错层理砂岩。孔渗性比较好，砾岩颗粒直径一般向上变小，表明它们逐渐远离源区。El Fausto 群砂岩是中新统次要的储层。

中新统储层发育比始新统储层更具区域性。La Rosa 组相对较薄，厚度很少大于 25m，长度延伸不及 Lagunillas 组砂岩。砂岩固结较差，储集物性好。Lagunillas 地区，孔隙度介于 25%~30%，渗透率介于 500~1500mD。Mene Grande 地区孔隙度介于 27%~31%，Boscan 平均孔隙度为 26%，Urdaneta 平均孔隙度为 32%。La Rosa 组以滨岸沉积为主，其孔隙度变化大。海控为主的地区形成净砂岩，而沼泽和其他环境的砂岩泥质含量增加粒径变小。Lagunillas 组沉积环境复杂多变，河流相、三角洲相、海相都有，Lagunillas 组划分为 5 段。

6.2.3　盖层

　　盆地内主要盖层为上白垩统 Colon 组泥岩，上覆于 La Luna 组烃源岩及其伴生的储层之上，厚度大于 300m，塑性强。泥岩一般为超高压，是整个白垩系储层的盖层（如图 6-3 所示）。古近纪为断层主形成期，泥岩产生裂隙，油气沿着断裂系统大量运移至古近系储层，随后断层闭合，重新封堵油气。古新统储层发育半区域盖层和组内盖层。始新统储层部分被组内盖层封盖，如 Misoa 组 B 单元和 C 单元顶部泥岩，部分被渐新统泥岩封盖。盖层常被突破，油气逸散至中新统砂岩重新聚集成藏（如玻利瓦尔海岸油田）。同时地层向上倾斜尖灭形成岩性圈闭，因此在大的油田存在多个具有不同油水界面和压力系统的油藏。中新统储层与局部盖层的组合有：①La Rosa 组内 Santa Barbara 砂岩与 Santa Rosa 泥岩盖层。②Lagunillas 组内 Mariago 段砂岩与 Ojeda 段泥岩盖层、Laguna 段砂岩与 Urdaneta 段泥岩盖层、Bachaquero 段砂岩与上覆 Pliocene 统泥岩盖层。

　　盆地内盖层经常被断层或剥蚀所破坏，致使原油受生物降解和逸散而破坏，其总量可达几十亿桶。此外，生物降解和破坏形成的大面积的沥青又成为浅部油藏的盖层，如 Mene Grande 油田。

6.2.4　圈闭

　　盆地圈闭主要是岩性圈闭和构造圈闭。盆地东北部油田圈闭类型主要为岩性圈闭，其他地区主要为构造圈闭。断层作用使孔隙度和渗透率提高，致使白垩系致密灰岩形成储层。

　　在 Catatumbo 次盆地 Tarra 油田里，古近系构造成藏组合很典型。古新统—始新统储集层厚度超过 1500m。古新统和始新统储集层在始新世末期构造运动中产生大量裂隙。Tarra 油田也存在类似构造圈闭。如果油气一旦进入 Tarra 构造，它们首先进入过渡构造圈闭，在上新世—更新世重新分配进入 Tarra 褶皱内。上述观点表明 Tarra 构造具有多期性。一些构造在盆地第一个构造反转期——始新世形成。第二个构造形成期是在中新世，主要在盆地西部发育一些构造。在早新近纪油气充注于这些构造圈闭。马拉开波湖泊中部 Lama 油田的圈闭构造是在古新世构造反转期形成的褶皱断块以及伴生的前展式逆冲断层和后展式逆冲断层。一些透镜体砂岩在顶部和在始新世不整合面被消截，主要储集层是 Mirador-Misoa 组砂岩体。

　　在 Lagunillas 油田 LL-07 区块，深部构造是北东低南东高，形成一单斜圈闭。在 La Paz 油田区块，断层和背斜共同形成的圈闭占主导。在 LL-453 和 LL-337 区块主要靠断层封闭形成圈闭。

6.2.5 成藏组合

马拉开波盆地主要成藏组合有：始新统构造－地层成藏组合和中新统岩性－构造成藏组合；次要成藏组合有：白垩系构造成藏组合，白垩系构造－地层成藏组合，始新统岩性－构造成藏组合，始新统构造成藏组合。

1. 主要成藏组合

(1)始新统构造－地层成藏组合。在 11 个油气田出现，石油储量为 20437.83MMbo，占盆地石油储量的 32%，凝析油储量为 5.01MMbo，占盆地凝析油储量的 1%，天然气储量为 23782.38Bscf，占盆地天然气储量的 36%。储层为 Misoa 组砂岩，沉积相从迁移分流河道过渡到滨岸砂坝相，盖层为 Misoa 组、Pauji 组和 La Rosa 组组内泥岩，局部为上覆与储层不整合接触的始新统泥岩呈角度。构造圈闭主要是背斜或单斜褶皱，被正断层、逆冲断层切割。

(2)中新统岩性－构造成藏组合。在 9 个油气田出现。石油储量为 27304.54MMbo，占盆地石油储量的 43%，天然气储量为 19488.64Bscf，占盆地天然气储量的 28%。储层为 La Rosa 组、Lagunillas 组和 Isnotu 组。盖层为 La Rosa 组、Lagunillas 组和 Isnotu 组。成藏组合含有两个主要的产层：La Rosa 组底部 Santa Barbara 段砂岩和上覆 Lagunillas 组砂岩。La Rosa 组底部 Santa Barbara 段砂岩为法尔孔地区南西向海侵沉积形成的海滩砂岩，而后被海退泥岩覆盖。Lagunillas 组砂岩为下切泥岩的河道砂岩。两套地层广泛发育于玻利瓦尔海岸油田和湖泊中央，延伸至 Urdaneta 地区并减薄。局部盖层 La Rosa 组和 Lagunillas 组上覆于中新统储层。早期构造复活形成的构造圈闭为断背斜或单斜褶皱，岩性的横向变化以及砂岩透镜体形成岩性油气藏。

2. 次要成藏组合

(1)白垩系构造－地层成藏组合。在 2 个油气田（发现）出现，石油储量为 67.76MMbo，占盆地石油储量不足 1%，凝析油储量为 325.11MMbo，占盆地凝析油储量的 70%，天然气储量为 1818.06Bscf，占盆地天然气储量的 3%。含油气系统为 La Luna-Misoa/Lagunillas，储层为 Apon 组和 Colon 组灰岩，盖层为 Apon 组和 Colon 组的泥岩和钙质页岩，断背斜构造圈闭和中新世不整合面形成的地层圈闭。

(2)始新统岩性－构造成藏组合。在 8 个油气田出现，石油储量为 1223.73MMbo，占盆地石油储量的 2%，凝析油储量为 13.33MMbc，占盆地凝析油储量的 3%，天然气储量为 31.71.16Bscf，占盆地天然气储量的 5%。储层为 Misoa 组、Mirador 组和 Trujillo 组砂岩，被 Trujillo 组和 Misoa 组泥岩封盖。Mirador 组储层分布于盆地的南部，Misoa 组储层主要分布于玻利瓦尔、湖泊中央区及盆地西北部。Mirador 组和 Misoa 组发育于流向向北的大规模的富含沙的河流－三角洲复合体（Van Veen，1971）。沉积相由南部的河流相、冲积扇相向北逐渐过渡到迁移分流河道和滨海砂坝。油气聚集于不对称背斜内，常为正断层、逆断层切割。同时还发育一些由砂岩透镜体以及岩性变化形成的岩性圈闭。

（3）始新统岩性－构造成藏组合。在 5 个油气田出现，石油储量为 3470.59MMbo，占盆地石油储量的 5%，天然气储量为 3978.29Bscf，占盆地天然气储量的 6%。储层为 Misoa 组砂岩，沉积相从迁移分流河道过渡到滨海砂坝。始新世泥岩封盖储层，与储层呈不整合接触。油气圈闭于岩性与断背斜、穹窿或单斜共同形成的圈闭中。

（4）始新统构造成藏组合。在 21 个油气田出现，石油储量为 4671.00MMbo，占盆地石油储量的 7%，凝析油储量为 0.10MMbo，占盆地凝析油储量不足 1%，天然气储量为 5132.33Bscf，占盆地天然气储量的 7%。储层为 Miso 组、Mirador 组、Pauji 组、La Sierra 组和 Carbonera 组砂岩，盖层为 Misoa 组、Pauji 组和 Carbonera 组的泥岩，局部存在渐新统—中新统泥岩盖层。Mirador 组产层位于盆地的南部，Misoa 组储层主要分布于玻利瓦尔湖泊区中央和盆地西北部。Mirador 组和 Misoa 组沉积模式与大规模的向北流的富含砂的河流三角洲复合体有一定联系（Van Veen，1971）。储层沉积相从南部河流、冲积扇相逐渐向北过渡到迁移分流河道和滨海砂坝。油气聚集在背斜、穹窿、平卧或单斜褶皱，它们被正断层、逆断层分割形成许多断块。

（5）渐新统构造－地层成藏组合。在 4 个油气田出现。石油储量为 328.26MMbo，占盆地石油储量不足 1%，凝析油储量为 12.68MMbo，占盆地凝析油储量的 3%，天然气储量为 1908.01Bscf，占盆地天然气储量的 3%。储层为 Icotea 组砂岩，盖层为上覆 La Rosa 组页岩。构造圈闭为断裂背斜和穹窿。始新世晚期形成的不整合面形成地层圈闭。

6.3　盆地演化与含油气系统

马拉开波盆地在白垩纪—始新世为一个被动大陆边缘盆地，马斯特里赫特期—古新世，纳兹卡板块与西哥伦比亚的碰撞影响到马拉开波盆地。岛弧碰撞导致中科迪勒拉形成，使马拉开波盆地由被动边缘向主动边缘转变。而始新世后为前陆盆地，按 Busby 和 Ingersoll（1995）的盆地分类方案，该盆地属于弧后前陆盆地。

6.3.1　沉积演化

寒武纪—奥陶纪 Silgara 组变质作用稍强，奥陶系—志留系变质作用稍弱。在梅里达安第斯，轻微变质的陆棚相拉德洛－卡拉道克阶 Caparo 组渐变 Cerro Azul 组深水沉积。在马拉开波湖中心钻探发现湖泊中心的下古生界类似于梅里达安第斯下古生界。

佩里哈地区发育泥盆系海退沉积物，有花岗岩侵入。梅里达安第斯的 Mucuchachi 组从下古生界至石炭系。华力西造山带前陆盆地沉积的砂岩和页岩，被石炭系厚层复理石覆盖。

石炭系变质岩与二叠系红层呈角度不整合，推测为石炭纪逆冲带。Sabaneta 组大部分是陆相，从下至上由砾岩和交错层理的河道砂岩渐变成红层，上覆地层是 Palmarito 组海相泥岩和泥灰岩夹少量砂岩，向上渐变为浅水陆棚碳酸盐岩。

1. 侏罗纪

侏罗纪泛大陆解体，沿如今的大西洋、墨西哥湾和北美北部形成裂谷带，并发生与裂谷有关的火山作用。安第斯活动边缘上古生界和圭亚那地盾之间形成北－北东向基底拉张构造－地堑和不对称地垒。夹 La Ge 群钙碱长英质到镁铁质火山岩的侏罗系 Tinacoa 组、Macoita 组、La Quinta 组红层充填于半地堑内。由于缺乏古生物化石和其他标志，不同地区的地层厚度或红层横向相互关系难以确定。哥伦比亚侏罗系同沉积地层厚度变化很大，从 500m 上升到 4500m。佩里哈红层厚度为 3500m。陆相沉积物由红色和绿色页岩、砂岩和砾岩组成，含植物碎片、淡水鱼和介形亚纲动物化石。

2. 白垩纪

白垩纪早期，海侵淹没圭亚那地盾。这次海侵与全球海平面的变化有关系，一直持续到赛诺曼期－坎潘期。巴雷姆期的海侵经 Machiques 海槽（湖泊的东面）、Uribante 海槽（湖泊的西侧）、Barquisimeto 海槽（盆地的东部）至马拉开波湖泊。海槽内沉积了 Rio Negro 组粗粒河流、冲积相碎屑岩，并延伸至台地之上，厚度不大。

晚巴雷姆期－阿尔步期，进一步海侵，盆地大部分地区沉积了 Apon 组厚层生物碎屑灰岩。盆地的南部和南西部，间歇发育潮控三角洲，沉积了 Aguardiente 组钙质砂岩，与台地灰岩呈指状交错，物源来自梅里达背斜和圭亚那地盾。

阿尔步期，发生第二次海侵，淹没整个盆地，陆棚中部沉积了 Lisure 组海绿石和钙质砂岩及泥岩，与上覆 Maraca 组板状生物碎屑灰岩整合接触，Maracaibo 组分布广泛，具有一定厚度。

赛诺曼期－坎潘期发生最大一次海侵，沉积了 La Luna 组泥质灰岩和页岩，是盆地最主要的烃源岩。学者对其缺氧性环境的认识统一，但对古水深存在一定争论，从 50～1000m 不等。

在白垩纪末期，太平洋岛弧和南美洲板块碰撞，结束了后期裂谷的沉积。

3. 马斯特里赫特期—中始新世

马斯特里赫特期，首先沉积了开阔海相 Colon 组，其后沉积了上马斯特里赫特阶－下古新统 Mito Juan 组细粒砂岩，属高水位海进沉积。

古新统沉积物出现在：①盆地的西部近海地区；②浅海台地，被现今的湖泊地区沉积覆盖，被靠近 Sierra de Trujillo 山附近的挠曲前隆限制；③委内瑞拉海岸北部前隆东北的前渊。沉积物源来自西面第一次隆升的火山岛弧。

南部沉积了 Orocue 群，包括 Catatumbo 组局限海和陆相泥岩；Barco 组发育交错层理的河流和三角洲砂岩，Los Cuervos 组海陆过渡相－沼泽相泥岩、砂岩夹少量煤层。盆地中部，沉积了 Guasare 组浅海泥岩、灰岩和钙质砂岩，向上和向侧面渐变成富含煤层的 Marcelina 组。东北部沉积了 Trujillo 组深水页岩和浊积砂岩。

4. 早—中始新世

早－中始新世，马拉开波盆地沉积环境复杂，发育三角洲/海湾、滨岸/河流和海相沉积体系。南部发育三角洲相，往北形成扇三角洲相，物源来自东南面的圭亚那地盾。沉积样式多变，北东部河流相、台地河流－三角洲。南部沉积了 Mirador 组，北部沉积 Misoa 组。Misoa 组为三角洲砂岩和页岩，厚达 7000m，主要出现在现今马拉开波湖泊区域。沉积中心位于湖泊东北边缘，沉积层序自下而上依次是：①三角洲平原富含砂的分流河道相沉积；②三角洲边缘分流河道湾薄层砂岩，颗粒向上变粗；③海相页岩，前三角洲相逐渐向上变成砂质含量递增的三角洲前缘相。盆地东部大部分地区，Misoa 组被 Paujia 组海相页岩覆盖，二者呈整合接触。

早期研究表明大多数古新统－始新统三角洲沉积物源来自南面和西南的南美克拉通。

5. 晚始新世—渐新世

始新世末期，盆地格局彻底改变。盆地东部和东北部的山脉把马拉开波湖泊陆相沉积中心和法尔孔盆地的海相沉积分割开。佩里哈西部和北部隆升以及哥伦比亚科迪勒拉东部为盆地西部和南部的河流－三角洲沉积体系提供物源。

西部和南部，沉积了三角洲－泛洪平原上始新统（渐新统）Carbonera 组，被 Leon 组边缘海相/半咸水泥岩覆盖。盆地中部和东部，渐新统主要是 Icotea 组海滩和海相陆棚砂岩。

6. 新近纪—第四纪

梅里达安第斯山的快速隆升，导致其边缘沉积了磨拉石。海相沉积仅在马拉开波湖泊地区，随着海水逐渐向北退出，湖水逐渐变为淡水。

早中新世，海侵至盆地的东部和中部，沉积了海相和滨岸相 La Rosa 组。海退沉积了海相 Lagunillas 组，下部砂岩沉积环境是滨海－淡水环境。其后，沉积了陆相和海陆过渡相局部含褐煤的泥岩。同时，前渊部分沉积了厚层硅质碎屑磨拉石（Palmar 组、Isnotu 组和 Betijoque 组），物源来自梅里达安第斯隆升和 Lara 推覆体再次隆升地区。西北部，逐渐变为薄层边缘泻湖沉积。来自 Betijoque 组沉积物经簸选形成第四系 El Milagro 组，主要发育于马拉开波湖泊西面和底部。

6.3.2 构造演化

1. 前侏罗纪

盆地基底主要由前寒武系—下古生界变质岩和火山岩组成。对委内瑞拉西北部的克拉通基底了解甚少，推测认为存在前寒武系到下古生界褶皱基底。委内瑞拉安第斯山，基底为 Iglesias 复合体（1400～600Ma），600Ma 为花岗岩侵入。古生代早期，Iglesias 复合体发生区域变质，形成绿片岩－角闪岩。盆地西部，亚桑坦德核部狭长地带发育前寒武系，由长英质石榴石和角闪质片麻岩组成，局部为变质麻粒岩相，这些结晶基底在 945Ma 就已形成。石英、千枚岩、片岩、变质砂岩和变质砾岩组成的下古生界结晶基底发育褶皱和逆冲断层。寒武系—奥陶系 Silgara 组发生较强的变质作用，奥陶系—志留系变质稍弱。

梅里达安第斯，志留系拉德洛－卡拉道克阶 Caparo 组陆棚沉积轻微变质，逐渐变成深水沉积的 Cerro Azul 组。Mucuchachi 组变质作用较强。佩里哈发育泥盆系海退沉积，有花岗质岩侵入。梅里达安第斯早古生代—石炭纪 Mucuchachi 组为华力西造山带前陆盆地砂岩和页岩下伏于石炭系厚层复理石。古生界轻微褶皱，劈理很发育，被结晶基底切割和仰冲，形成一系列华力西构造，磨棱岩普遍发育。梅里达安第斯向东南仰冲，基底构造向北西倾斜。石炭系变质岩和上覆二叠系红层呈角度不整合，推测为石炭纪逆冲。在华力西造山运动中，二叠系褶皱发生时间一般比在三叠纪—侏罗纪早。二叠纪褶皱带形成了阿巴拉契亚－沃希托－Mauritanide－华力西褶皱带的西南部。

2. 侏罗纪裂谷期

侏罗纪泛大陆解体，沿着现在的大西洋、墨西哥湾和北美北部形成裂谷带，并发生与裂谷有关的火山作用。在上古生界安第斯活动边缘和圭亚那地盾之间形成北－北东向基底拉张构造－地堑和不对称地垒。Lugo 和 Mann(1995)在委内瑞拉西北部发现许多不同类型裂谷体系：Machiques、Uribante、Barquismeto 和 Merida 裂谷。

盆地的北部和西南部，Bucaramanga－桑坦德转换断裂系统使侏罗纪裂谷体系发生水平错断，瓜希拉(Guajira)和 Paraguana 半岛之间的转换断层构成大西洋裂谷边界。西南部哥伦比亚科迪勒拉裂谷体系和大西洋东北部海底扩张之间形成隆起。中生代转换体系可能活化了早古生代转换体系。

Uribante 半地堑的地震反射资料表明最上层的沉积盖层在裂谷末期因构造反转遭受剥蚀(如图 3-1～3-5 所示)。构造反转可能与早期安第斯增生有关。类似的构造活动在哥伦比亚、厄瓜多尔、秘鲁的上侏罗统—下白垩统也存在。部分反转的半地堑可能被下白垩统裂谷后期沉积物覆盖。

3. 白垩纪裂谷后期

白垩纪盆地热沉降期间，产生了一次重要的海侵。受断层控制的沉降减小，海侵进一步加强，火山岛弧后发育被动边缘楔状体沉积。但西哥伦比亚边缘的环太平洋俯冲带活动时，后期裂谷热沉降使马拉开波盆地成为一个弧后盆地。

白垩纪沉积期间，在两个热沉降区域之间形成了北西－南东向梅里达背斜，与早侏罗世地堑和基底构造走向大致垂直，贯穿整个盆地，控制碳酸盐岩和碎屑岩的沉积分布，受到白垩纪—古新世热沉降的影响反转期的梅里达安第斯顶部裂谷沉积的地层部分被剥蚀。

4. 马斯特里赫特期—中始新世挤压期

南美、加勒比、太平洋和大西洋板块新生代的相对位置始终在变化，作用于微板块的应力来自多个方向。

马斯特里赫特期—古新世，纳兹卡板块与西哥伦比亚的碰撞影响到马拉开波盆地。岛弧碰撞导致中科迪勒拉形成，使马拉开波盆地由被动边缘向主动边缘转变。伴生的逆冲带向西逆冲在盆地的北部形成佩里哈，在南部形成哥伦比亚科迪勒拉。古新世，哥伦比亚科迪勒拉—佩里哈西部形成前渊盆地（如图 6-8 所示）。

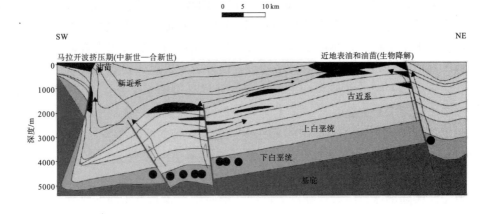

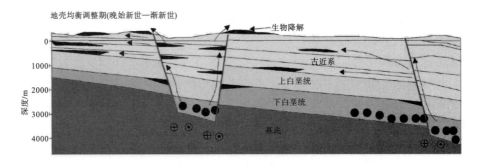

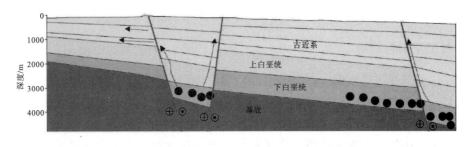

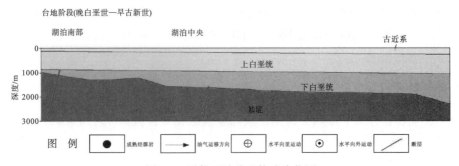

图 6-8　马拉开波盆地构造演化图

　　然而，盆地北和北东方向，被动边缘转换在 Lara 逆冲褶皱带形成之后才开始。加勒比板块和南美板块斜碰导致 Lessr Antilles 形成和沿岸科迪勒拉山脉（西大西洋俯冲形成）。沿岸科迪勒拉的 Lara 推覆体的推覆作用从古新世末期持续至始新世。Lara 推覆体逐渐向西推覆至委内瑞拉北海岸形成新的挠曲盆地。加勒比板块向南和向南西仰冲形成非对称前陆（Lugo and Mann，1995）。北西向梅里达背斜阻碍了前陆盆地的挠曲变形。

　　根据 Roure 等（1997）的研究资料，加勒比推覆体延伸至 Oca 断层的北面，对盆地演化有一定影响，主要是影响板块边缘构造载荷。古新世—始新世，活动的正断层和挠曲沉降控制盆地东北部部分地区的演化。拉张应力活化了早期的北-北西向基底断层（Ceuta 和 Pueblo Viejo 断层），沉积盖层中形成铲状正断层和负花状构造。始新世和新近纪，古新世高角度拉张构造被活化发生反转。古新世—始新世，盆地的古应力机制很难确定，与马拉开波湖泊西南岸平行的北西向高角度断层发生扭张。大多数古新世正断层发育于 Lara 推覆体前缘或南美前陆的前隆顶部，走向与挠曲前陆走向平行。

　　中始新世，两次重要的构造事件改变了盆地的构造格局。首先，Lara 推覆体向南逆冲导致 Barinsa-Apure 盆地陆棚挠曲沉降和海侵发生。其次，Lara 推覆体构造载荷沿着马拉开波湖泊的东北边缘形成枢纽线。

　　上始新统地层厚度很薄，甚至大部分地区缺失，特别是在湖泊区和佩里哈（如图 6-8 所示）。发生褶皱的下始新统与未发生褶皱的上始新统之间存在一个角度不整合，因此推断湖泊地区汇聚停止时间是在中始新世。中始新世晚期，前陆反转或扭压发生在加勒比推覆体前缘，导致晚始新世和渐新世局部基底隆升和剥蚀。

5. 晚始新世—渐新世挤压期

　　晚始新世—渐新世，盆地的隆升和剥蚀控制了盆地的沉积。中始新世，首先在加勒比推覆体前缘发生前陆反转或扭压。构造反转使许多地区始新统地层大量剥蚀，盆地某些地区剥蚀至 Mito Juan 组。非海相的上始新统—渐新统仅在盆地的东南部和西部沉积。

　　等厚图表明佩里哈附近沉积厚度更大，为挠曲载荷。佩里哈北部变形逐渐向东传递，亚桑坦德南部发育新的构造。早-中中新世，佩里哈抬升。佩里哈逆冲断层主要向西北倾斜。佩里哈东南边缘为后展式逆冲断层带，向西北倾斜。Bucarmanga 逆冲断层向西倾，伴生向东倾的后展式逆冲断层。

　　渐新世，盆地北部边缘剪切带发育压扭性和拉张性构造，马拉开波北部，特别是在委内瑞拉海湾地区，伴生安第斯塑性变形。根据盆地埋藏史表明，盆地在前陆阶段后有短暂的隆升，北部隆升比南部大。

6. 晚中新世—更新世挤压期

　　新近纪加勒比和南美板块直接相互作用成为委内瑞拉重要的造山期。

　　中新世，亚桑坦德、佩里哈和梅里达安第斯山产生了大规模的挤压构造运动。安第斯推覆体构造载荷导致马拉开波微板块发生挠曲，湖泊南部中新统地层迅速向南东变厚。晚中新世，委内瑞拉内的安第斯抬升对初期前渊改造，形成两个次盆地：西北部的马拉开波盆地和东南部的 Barinas-Apure 盆地。上新世—更新世梅里达安第斯造山运动达到顶峰。

佩里哈和梅里达安第斯为活动微板块边界，分别对马拉开波微板块的西部和东南部有一定的作用，它们补偿了新近纪大部分缩短量（如前者补偿马拉开波板块和哥伦比亚岛弧之间汇聚产生的缩短量，后者补偿马拉开波和南美克拉通汇聚产生的缩短量）。佩里哈和梅里达安第斯，新近纪变形与沿区域盲冲断层的基底楔状体拆离有关。委内瑞拉内安第斯产生北西斜向逆冲和褶皱。沿着安第斯北西边缘，形成一个三角地带，伴生一个后展式逆冲。在北安第斯山，后展式逆冲被 Las Virtudes 逆冲断层切断。东西向的 Oca 断层发生右旋走滑运动，形成盆地的北部边界。

根据盆地构造特征（如图 6-8 所示），马拉开波盆地构造分区如下（如图 6-2 所示）：

（1）佩里哈冲断带。在盆地西部佩里哈山麓发育近南北向的逆冲断层，向东或向西倾，组成冲起构造或背冲构造，上盘一般发育背斜，这四个区域背斜近似平行，呈雁列式分布。

（2）梅里达安第斯冲断带。在盆地东南部中安第斯山麓发育近东西逆冲断层，倾向相反，形成背冲构造。

（3）马拉开波平缓褶皱带。主要位于马拉开波湖附近，南北向或北东－南西向背斜和向斜发育，组成隔挡和隔槽式褶皱构造带。区内正断层发育，主要方向为北东和北西。

6.3.3　油气生成、运移

1. 生烃

根据 Talukdar 和 Marcano(1994)研究的热成熟模拟成果表明，马拉开波盆地的油气主要来自 La Luna 烃源岩。第一阶段生油期是中－晚始新世（如图 6-9 所示），此时 La Luna 组烃源岩仅在特鲁西略山的西南狭长地带达到成熟。第二阶段生油期是中新世（如图 6-10 所示），并持续到现在。如今成熟的 La Luna 组烃源岩比始新世成熟的烃源岩覆盖面积要大得多。

镜质体反射率在 0.45% ~ 0.5% 开始生油，0.8% 时生油达到高峰，1.2% ~ 1.3% 达到生油窗口的上限，少量埋深达 3000 ~ 4000m 时生油。

Talukdar 等(1986)估算 La Luna 组每立方公里平均可生油 290MMbo。La Luna 组生烃面积为 47500km², 净厚度为 50m, 每立方米产量为 50L, 估计理论生油量可达 4800 亿桶，目前已经发现 500 亿桶，还有几百亿桶已遭受破坏。

2. 运移

盆地沉积和构造演化的复杂性，导致盆地的油气运移极其复杂。表现在不同地区的烃源成熟时间和成熟度不一样，盆地内地层的主倾斜方向不断变化，导致盆地油气运移具多期性和多方向性。

古近纪的断裂作用使大量的烃类运移至古近系。断层主活动期间，油气突破泥岩盖层向上运移，后来又回流，重新被封盖。

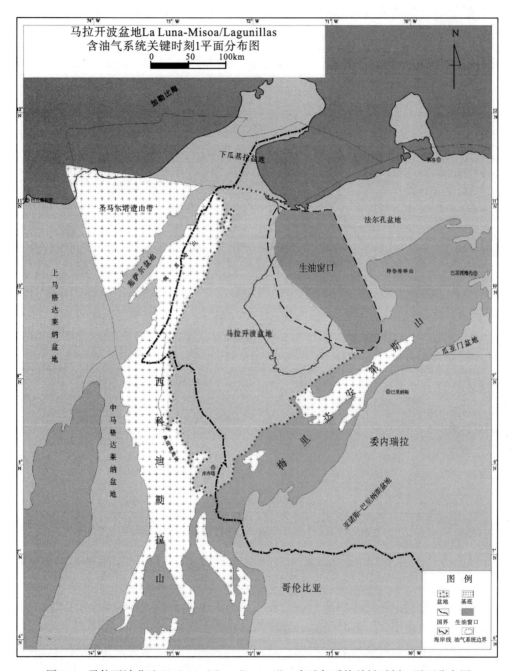

图 6-9　马拉开波盆地 La Luna-Misoa/Lagunillas 含油气系统关键时刻 1 平面分布图

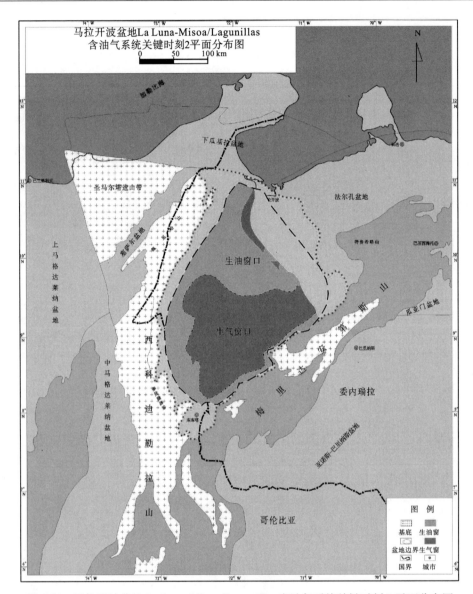

图 6-10　马拉开波盆地 La Luna-Misoa/Lagunillas 含油气系统关键时刻 2 平面分布图

La Luna 组自晚始新世开始生油，沿着断层垂直运移，沿着砂层水平运移。主要运移时间为晚中新世至今。晚始新世，湖泊北东岸附近进入生油窗口，油气沿着 Lama 断块的东面进入构造高点，进入白垩系碳酸盐岩和 Misos 组砂岩。中新世—晚中新世，盆地的西南部进入生油窗口，此时烃源岩过成熟，开始生气。

古近纪油苗主要沿着盆地边缘出现，特别是在佩里哈山和梅里达安第斯山边缘，有些油苗的面积达几平方公里，如 Mene Grande 油田，发育沥青和石油。油苗与 La Luna 组有一定联系，表明古近纪发生侧向次生运移。

褶皱作用和掀斜作用引起油气再次运移，此过程中损耗了几十亿桶油气，如玻利瓦尔海岸油田和 Mene Grande 油田的始新统和更年轻的储层出露地表，油气藏遭受破坏。始新统石油经大气降水沿着不整合面缓慢运移，且在运移过程中发生生物降解，损失了轻质石油和正烷烃，使石油稠化直至停止运移。

3. 地层水

古近系储层地层水一般是淡水，例如玻利瓦尔海岸油田盐度为 3400～14700ppm，Mene Grande 油田盐度为 6200ppm，表明储层遭受淡水冲洗，盆地东部砂岩可能出露地表。例如 Catatumbo 次盆地强褶皱构造带内 Los Manueles 地区含有淡水质地层水并且水动力较强。油田中较老的储层地层盐度不均，为咸水，盐度随年代增加而增加，La Paz 油田古近系地层水盐度为 16000ppm，白垩系灰岩盐度 56000ppm，基底盐度高达88000ppm。

6.3.4 含油气系统

马拉开波盆地存在两个含油气系统：La Luna-Misoa/Lagunillas 含油气系统和 Orocue-Orocue 含油气系统。

1. La Luna-Misoa/Lagunillas 含油气系统

几乎整个盆地油气资源都来自 La Luna-Misoa/Lagunillas 含油气系统（如图 6-11 所示）。上白垩统 La Luna 组和 Capacho 组灰岩和钙质泥岩烃源岩几乎覆盖整个盆地，丰度高且达到成熟。储层分布于多个层位，从结晶基底到中新统均有。其中始新统 Misoa 组和中新统 Lagunillas 组是盆地最重要的储层。油源和油－油关系研究表明，油来自 La Luna 组烃源岩。

盆地绝大部分地区的 La Luna 组烃源岩都达到成熟并生油。盆地中部古近纪沉积中心白垩系烃源岩达到成熟。佩里哈是盆地最老的沉积中心，另一个达到成熟的沉积中心位于盆地东北部。

烃的生成和运移具有多期性，分别向上和向下运移至储层。后继的褶皱和掀斜构造运动使油气再次运移和调整，运移至地表的过程中损失了几十亿桶油气。

盆地北部地区的 La Luna 组于始新世达到成熟开始生油。盆地的东北部，已处于生气阶段，而 Guajira 半岛和 Tabolazo 海湾地区已达到过成熟。

盆地西部烃源岩于早中新世成熟进入生油窗口。Catalogumbo 次盆地大部分石油为烃源岩达到成熟到高成熟的产物，API 密度为 37°～55°，硫含量小于 5%，钒含量小于 8ppm，饱和烃含量高(72%～93%)，树脂和沥青含量低(0.2%～8.8%)。Rio Zulia 油田产气，烃源岩仍处于生气窗口，烃源岩进入生气窗口之前大部分液态烃类已经运移出去，向上倾斜方向运移至盆地北部和梅里达安第斯地区。

根据对盆地南部沉积物的分析表明，中新世 La Luna 组开始生油。Apon 组在中中新世处于生气窗口，中新世末期 La Luna 组达到生油高峰。Capacho 组上部和 La Luna 组下部 R_o 为 1.1%～1.2%。佩里哈和梅里达安第斯地区露头的 La Luna 组达到过成熟。

Cabinas 东北部至 Barua-Motatan 油田产层为古近系砂岩。马拉开波湖中部和西部的油田，产层为古近系砂岩和白垩系灰岩。马拉开波西部 Alturitas 油田，产层为古近系砂岩。Catatumbo 次盆地 Tarra 油田古近系构造成藏组合比较典型。古新统－始新统储层厚度超过 1500m，始新世末期构造运动使储层产生大量裂隙。

Tarra 油田类似成藏组合中的构造圈闭形成于局部烃源岩成熟之后。油气首先运移进入 Tarra 油田的中间构造圈闭中，上新世—更新世重新分配进入 Tarra 油田褶皱内。这表明 Tarra 油田的油气运聚具有多期性。一些构造圈闭形成于盆地的第一个构造反转期——始新世。中新世为盆地的第二个构造形成期，在盆地西部形成一些构造，早新近纪油气充注这一时期的构造圈闭。中新世的油田的形态和范围与现今完全不同。

梅里达安第斯顶部白垩系 Aguardiente 组存在大量的生物降解石油，表明它曾经可能是一个输导层或者储层。Melina 认为 Tarra 油田大部分石油起初聚集于 Aguardiente 储层，上新世—更新世由于区域盖层 Colon 组页岩产生大量裂隙导致油气重新分配。

马拉开波湖泊中部的 Lama 油田，构造圈闭为古新世构造反转期形成的褶皱、断块及其伴生的前展式逆冲断层和后展式逆冲断层。一些透镜体砂岩顶部为始新世不整合面削截。主要储层为 B 砂岩体和 C 砂岩体（相当于 Mirador-Misoa 组），其余重要储层位于中新统和白垩系。烃源岩在晚古新世—新近纪早期生油，运移至中新世次级圈闭。上新世—更新世调整的油气运移至中新世储层。上中新统石油密度经常大于始新统石油密度，表明发生了重力分异。

来自 La Luna 组的石油沿着始新世断层和不整合面运移进入马拉开波湖东北部中新统。推测生烃和排烃发生在晚始新世到早中新世，进入始新世圈闭，新近纪晚期构造期使油气重新调整运移。

2. Orocue-Orocue 含油气系统

Orocue-Orocue 含油气系统发育于盆地西南的几个油田和委内瑞拉安第斯山底部，含有盆地 2% 的油气储量（如图 6-11 所示）。Orocue 群是主要的陆相烃源岩，该群局部为煤层和碳质页岩。岩石高温裂解表明为 II 型干酪根。安第斯北侧露头中 Orocue 群碳质页岩，未成熟－成熟，III 型干酪根，TOC 为 7.5%～39.4%，具备生油、生气能力（Talukdar and Marcano，1993）。浅部钙质页岩的 TOC 一般较低（0.7%～0.5%）。盆地西南部 Orocue 群达到成熟（Tarra、Las Cruces、Los Manueles 和 Concordia 油田岩芯），但 Yurewicz 等（1998）认为 Catatumbo 次盆地的烃源岩未达到成熟，Orocue 群和 Mirador 组 R_o 为 0.5%～0.6%。另外，Navarro 和 Alaminosa（2006）发现古近系下部富有机质的碳质页岩和煤层 R_o 为 0.7%～0.8%，局部生油。根据 Barco 组石油同 LosCuervos 组石油和 Cattunbo 组石油的提取物对比结果推测，Cattumbo 次盆地里 80% 的石油来自古近系下部。构造圈闭主要形成于晚古新世和上新世—全新世。烃的生、运、聚发生在上新世—全新世。二次横向运移通道是古新统和始新统砂岩输导层，纵向运移通道为断层。

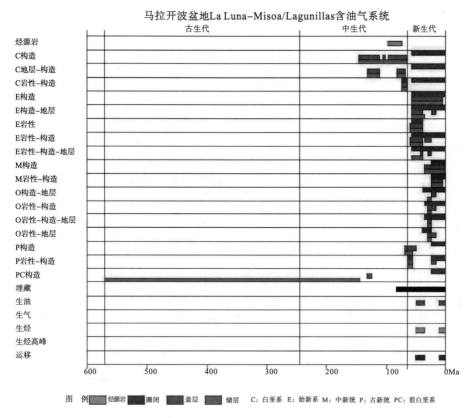

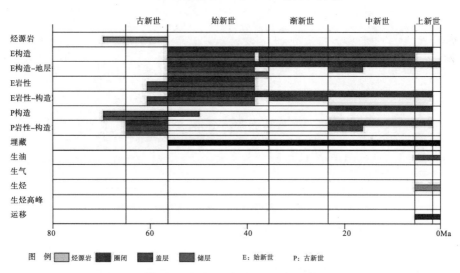

图 6-11　马拉开波盆地含油气系统

根据盆地油气地质条件将马拉开波盆地划分为 3 个油气聚集区带（如图 6-12、6-13 所示）：马拉开波湖断褶聚集带、佩里哈山前聚集带、梅里达安第斯山前聚集带。

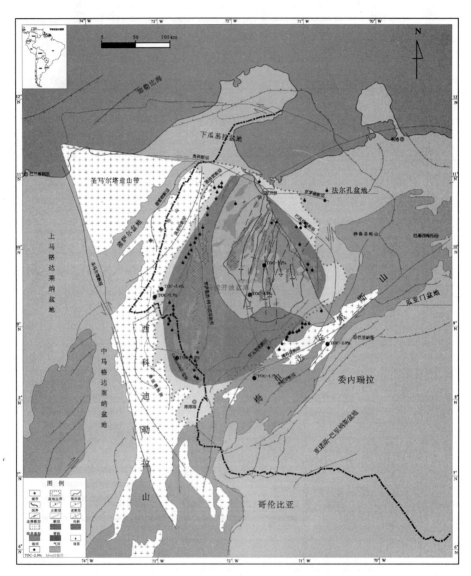

图 6-12　马拉开波盆地油气地质条件综合评价图

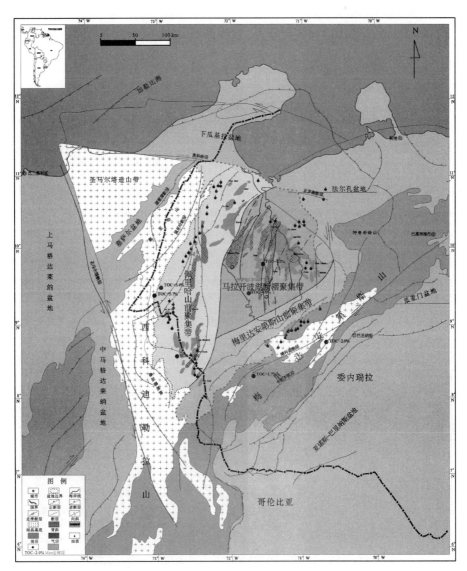

图 6-13 马拉开波盆地油气聚集带分区图

第 7 章　桑托斯盆地

7.1　盆地概况

桑托斯盆地是巴西最大的被动边缘盆地之一，位于巴西东南海岸，紧靠圣塔州、卡塔里娜州、巴拉那州、圣保罗州和里约热内卢州，南纬 23°～28°30′，西经 39°30′～48°30′。盆地东北与坎波斯盆地以卡布弗里乌隆起(Cabo Frio Arch)为界，西北以 Rio de Janeiro 为界，西以上寒武统为界，南以圣保罗海岭(Sao Paulo Ridge)为界，东南以夏尔科海山(Charcot Sea Mounts)为界。长约 800km，宽约 600km，面积为 326867km² (如图 7-1 所示)。

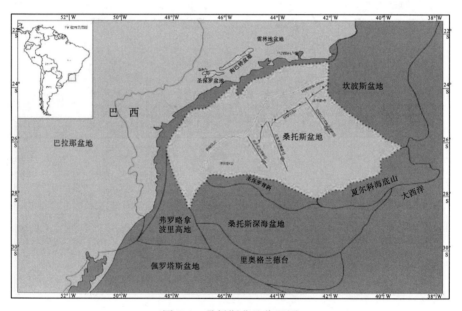

图 7-1　桑托斯盆地位置图

7.1.1　油气勘探概况

桑托斯盆地邻近油气高产的坎波斯盆地，二者地层和构造极其相似。1967 年，对桑托盆地进行了首次地震勘探。1971 年，1-PRS-001 井开钻。1990～2000 年，开始进行三维地震勘探。截至 2007 年 10 月，地震勘探长度为 39.39 万 km，地震密度为 0.8km/km²，重力测量为 61380km，磁测长度为114 496km。钻井 205 口，最深达到 7628m，共发现 34 个油气田(如图 7-2 所示)。1979 年发现第一个油田——Merluza 油田，石油储量为 66MMboe。探井密度为 2082km²/新油田初探井，新油田初探井累计成功率为 21.7%，1998～2007 年的成功率为 35.4%。由于坎波斯盆地在 1980～2000 年油气勘探获得重大突破，发现许多高产油气田，因此 2000 年以后巴西加大对成藏条件类似的桑托斯盆地的勘探投入，并发现了几个大型油气田，油气储量急剧增加。2007 年 10 月，在桑托斯盆地 BM-S-11 区块发现 Tupi 油田，为盐下白垩系裂谷层序的重大突破，储量约 50 亿～80 亿桶。此后，在盐下领域连续发现了一系列大型油气田。

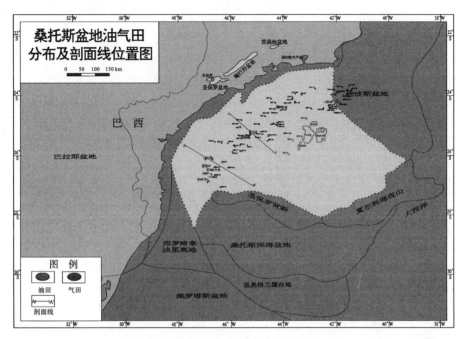

图 7-2　桑托斯盆地油气田及剖面线位置图

桑托斯盆地目前是巴西东部沿海地区的第二大含油气盆地，新增油气储量主要是 2000 年以后勘探发现的。

最近几年在桑托斯盆地深水区域盐上与盐下油气勘探取得连续发现和突破，使该盆地成为全球关注的投资热点，勘探开发步伐正在大大加快。根据巴西石油公司规划，在 2009～2020 年期间，将陆续开发盆地的 23 个盐下油气田，使产量逐步上升至 182 万桶/天。

7.1.2　区域地质特征

1. 桑托斯盆地区域构造特征

盆地构造样式多样，主要存在线性裂谷构造和盐岩构造。盆地西部、西北部主要为线性裂谷构造，局部也存在一些盐丘构造；盆地中部－东南部，在盐岩层之下的裂谷层序内，主要发育与裂谷相关的断块、断背斜构造，在盐岩层及其上覆层序，主要发育盐岩挤压和拉张形成的一些盐岩构造(如图 7-3 所示)。

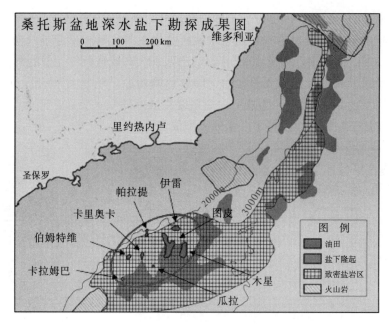

图 7-3　桑托斯盆地盐下构造重点突破区

1）裂谷构造

桑托斯盆地在早白垩世发生裂谷作用，裂谷构造开始发育。航磁测量表明，盆地基底构造呈现强烈的北东向线性特征。盆地西北部主要为北东－南西向的正断层、铲状断层和（半）地堑。近年的勘探资料表明，在盐岩层序之下，广泛发育与早期拉张正断层相关的断背斜、断块构造，以及与基底起伏相关的披覆背斜构造。

2）盐岩运动构造

盆地盐岩构造的形成与沉积物进积、上覆地层拉伸、重力滑动、重力扩张作用有关，也有可能与下伏裂谷构造也有关系。盆地主要存在两个盐体运动构造带：①盆地靠近海岸线西部 100～200km 宽的拉张区域，此区域存在一些与下滑拉张有关的构造，即：铲状增生断层下盘的盐滚、共轭正断层下面的盐墙、龟形构造以及盐岩融焊。②盆地中部以东 100～400km 宽的挤压区域，主要是尖棱褶皱、增生褶皱和逆断层。

盆地东北部构造样式主要受大尺度的离散滑动控制。盆地西南部构造受到右旋扭性作用而复杂化。盆地内盐枕和底辟高度可达数千米。盐层导致阿尔步阶 Guaruja 组碳酸盐岩形成许多龟形构造。在铲状断层及伴生的盐岩构造上部的阿尔步阶碳酸盐岩和上白垩统硅质碎屑岩发育背斜。盆地东南边界处发育向东－北东倾斜的与区域断层相反的正断层，延伸方向与海岸线平行，在盐岩底部消失。

2. 桑托斯盆地地层特征

桑托斯盆地地层主要为白垩系和新生界，如图 7-4 所示。

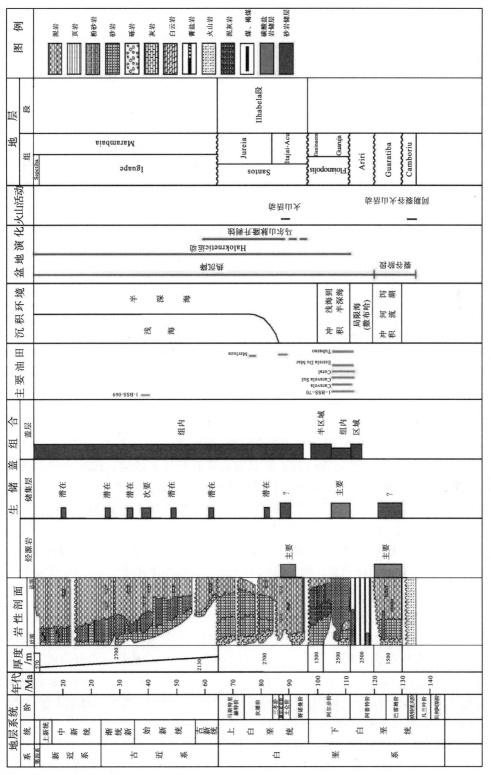

图7-4　桑托斯盆地地层综合柱状图

1）白垩系

（1）Camboriu 组，为陆相喷发玄武岩，直接沉积于结晶基底之上，与上覆 Guaratiba 组呈不整合接触。

（2）Guaratiba 组，为冲积、河流相砾岩和砂岩夹泻湖相灰岩（生物介壳灰岩，亦称 Sag 桑托斯盆地组，孔隙度可达 20％，是优质储层），最大厚度为 1500m，向盆地方向埋深逐渐变大。该组页岩是盆地重要的烃源岩。砂岩作为潜在的储集层，埋深较大。该组与上覆 Ariri 组呈不整合接触，与下伏 Camboriu 组呈不整合接触。

（3）Ariri 组，为蒸发岩（盐岩、无水石膏和石膏）和少量页岩、泥灰岩，属于海陆过渡带潮上沉积环境。该组盐岩可以作为同裂谷期形成的储集层的区域盖层，最大厚度为 2500m，与上覆 Florianopolis 组和 Guaruja 组及下伏 Guaratiba 组均呈不整合接触。沉积主要局限于 Walvis-RioGrande Ridge 以北的盆地西北部。

（4）Florianopolis 组（阿尔步阶），在盆地内缘发育，与下伏 Ariri 组和上覆 Santos 组均呈不整合接触，向海渐变为 Guaruja 组碳酸盐岩和 Itanhaem 组陆棚和深海斜坡相沉积物，属于冲积环境沉积，最大厚度为 4000m。

（5）Guaruja 组，为碳酸盐岩台地相鲕粒砂屑石灰岩、生物碎屑石灰岩、泥灰岩和页岩，向海渐变为深水泥岩和页岩。在台地内部低能凹地沉积细粒泻湖相碳酸盐岩（De Carvalho et al.，1990），最大厚度为 2500m。该组是盆地重要的储集层，泥屑灰岩、泥灰岩和页岩形成组内盖层。砂屑灰岩平均厚度为 30m，孔隙度为 8％～25％，渗透率为 1～1300mD。在下 Guaruja 段底部为白云岩，渐变为砂岩，沉积环境为泻湖相、浅海相，化石主要有有孔虫、介形纲、微型软体动物、海胆和海藻等。该组与上覆 Itanhaem 组呈整合－不整合接触，与下伏 Ariri 组呈不整合接触。

（6）Itanhaem 组，为页岩、粉砂岩、泥灰岩、砂屑灰岩和砂岩，沉积环境由浅海过渡到半深海。侧向上渐变为 Florianoplis 组冲积相碎屑岩，最大厚度为 1500m。该组页岩和泥灰岩是 Guajira 组碳酸盐岩储集层的半区域盖层，与上覆 Itajaiz-Acu 组成呈整合接触，与下伏 Guaruaja 组呈整合－不整合接触。

（7）Santos 组，为冲积扇、辫状河合三角洲相砾岩和岩屑砂岩，夹页岩和粉砂岩，侧向渐变成 Jureia 组台地相碎屑岩，最大厚度为 2700m。该与上覆 Marambaia 组和 Iguape 组呈不整合接触，与 Florianoplis 组呈假整合接触。

（8）Itajai-Acu 组，为深海陆棚厚层海相页岩、泥岩和粉砂岩夹少量砂岩，最大厚度为 2000m，向陆渐变为 Jureia 组台地碎屑岩。该组页岩是盆地的烃源岩，同时也是组内盖层，其中 Ilhabela 段夹层状浊积砂岩，细－粗粒，中等－差分选性，组分为成熟，一般粒级向上变细（Sombra et al.，1990），具有不完整的鲍马序列 Tb-c 和 Tb-e，该段是桑托斯盆地重要储集层。该组与上覆 Marambaia 组和 Jureia 组分别呈整合接触和不整合接触，与下伏 Itanhaem 组呈不整合接触。

（9）Jureia 组，为砂岩和页岩，属于海陆过渡和浅海沉积环境，最大厚度为 2000m。该组砂岩为盆地储集层，而页岩可以作为其盖层，与上覆 Marambaia 组呈不整合接触，与下伏 Itajai-Acu 组呈不整合接触。

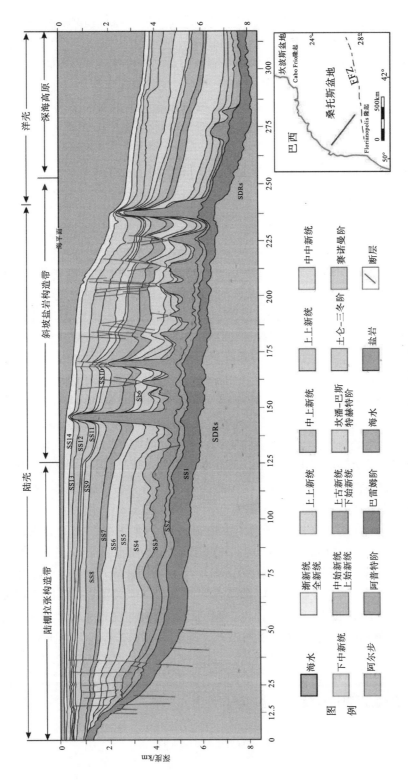

图7-5　桑托斯地震剖面及解释剖面(据Contreras et al., 2010)

2）新生界

（1）Marambaia组，为厚层页岩、泥岩夹砂岩，属于深海斜坡和深海海棚沉积环境。侧向上，该组逐渐变成Iguape组台地沉积物，最大厚度为2700m，与下伏Itajai-Acura组和Iguape组呈整合接触。该组的页岩同为烃源岩和组内盖层，砂岩为储集层。

（2）Iguape组，为碳酸盐岩台地相生物碎屑砂屑灰岩和泥屑灰岩，夹页岩、粉砂岩、泥灰岩和砾岩，向海逐渐变成深水Marambaia组沉积物。该组与下伏Santos组和Jureia组呈不整合接触，与上覆Sepetiba组呈整合接触。

7.2　油气地质特征

7.2.1　烃源岩

桑托斯盆地发育有两套烃源岩：①下白垩统Guaratiba组前盐湖相页岩，位于盐岩层之下；②上白垩统Itajai-Acu组深水钙质泥岩和页岩，位于盐岩层之上。

（1）Guaratiba组烃源岩为黑色钙质页岩，属于封闭半咸－咸水泻湖厌氧环境，在Ariri组盐层之下。该页岩仅在桑托斯、坎波斯和埃斯皮里图盆地发现生油潜力。干酪根类型为I/II或II/I型。盆地该烃源岩成熟度变化很大。水深小于400m区域内，上覆地层为上白垩统—新近系，烃源岩埋深在7~8km处，达到过成熟。陆棚地区，虽然油气受后期构造运动改造和破坏，但仍可以被保存下来形成油藏（Merluza油田和Tubarao油田）。根据盆地模拟资料，在斜坡和深水区域，烃源岩成熟度介于未成熟到过成熟。

（2）Itajai-Acu组烃源岩为富有机质钙质泥岩和黑色页岩，位于Ariri组盐层之上，在海平面频繁升降的缺氧环境下沉积形成，厚度变化较大，介于225~1000m。曾遭受区域剥蚀，目前仅在盆地南部－中部发育。干酪根类型主要是II、III混合型，由腐泥质和腐殖质的有机物混合而成。TOC平均含量为0.2%~1.9%（Arai，1998）（如图7-6所示）。有机碳含量为1%~2.5%，平均生烃潜力为3~4kgHC/t（如图7-7所示），在某些地区可达12.9kgHC/t（Gibbons et al.，1983）。HI平均值为30~295mgHC/gTOC（如图7-8所示）。盆地中－西南部，HI平均值大于200mgHC/gTOC。烃源岩易于生油。靠近盆地远端大部分地区，烃源岩质量逐渐变好，如圣保罗山北部，赛诺曼阶—康尼亚克阶凝析油层厚度为11m，TOC达到6.7%，主要由含藻类的有机物组成。地球化学分析发现，升霍烷、甲烷和甾烷含量相当高，δC^{13}约−27‰。陆棚区，赛诺曼阶—下土仑阶的顶部地层的R_o介于0.5%~0.8%（如图7-9所示）。盆地模拟表明，沉积大陆斜坡深水环境，该组烃源岩处于生油窗，但在圣保罗高原次盆地还没有进入生油窗（Joyes and Leu，1998）。

Guaruja组黑色泻湖相灰泥岩为盆地潜在烃源岩。

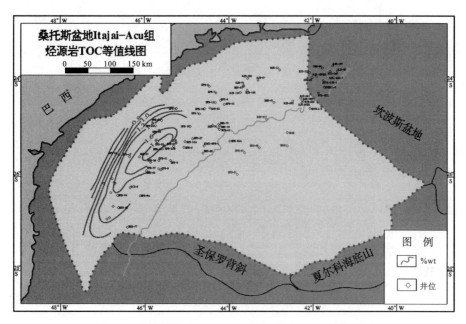

图 7-6 桑托斯盆地 Itajai-Acu 组烃源岩 TOC 等值线图

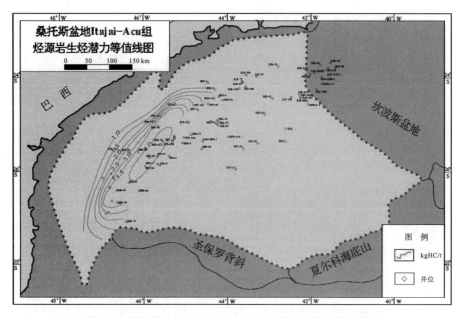

图 7-7 桑托斯盆地 Itajai-Acu 组烃源岩生烃潜力等值线图

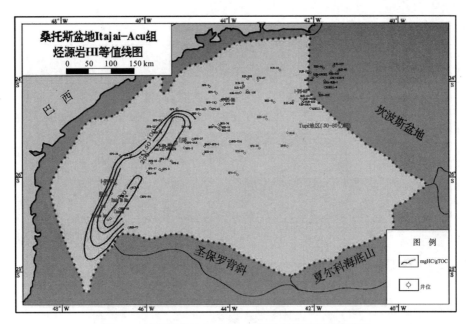

图 7-8　桑托斯盆地 Itajai-Acu 组烃源岩 HI 等值线图

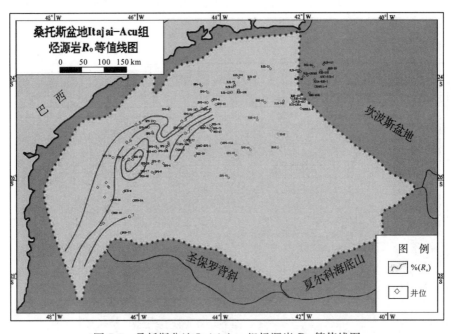

图 7-9　桑托斯盆地 Itajai-Acu 组烃源岩 R_o 等值线图

7.2.2　储层

　　桑托斯盆地储层包括同裂谷期的下白垩统和裂谷后期的白垩系和古近系地层，其中 Itajai-Acu 组 Ilhabela 段和 Guaratiba 组储量最大。

1. 盐下储层

Guaratiba 组储层：由颗粒灰岩、灰泥颗粒岩和颗粒灰泥岩组成，在盐岩层之下，最近几年的最新发现均在深水区。其中生物灰岩段亦称 Sag 组（如图 7-10 所示），孔隙很发育，孔隙度一般在 10.7%~19.9%，渗透率一般在 264~556mD。

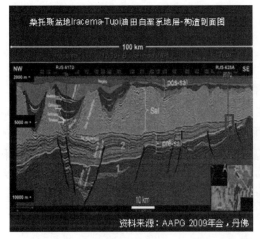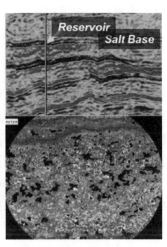

图 7-10　桑托斯盆地 Iracema-Tupi 油田白垩系地层－构造剖面图

（Guaratiba 组中 Sag 灰岩孔隙度可达 20%，是优质储层）

2. 盐上储层

(1)Guaruja 组储层：主要由高能的鲕粒和核形/鲕粒粒屑灰岩以及台地相碳酸盐岩组成，平均厚度为 30m，孔隙度为 5%~25%，渗透率为 1~1300mD。孔隙类型以粒间、粒内孔为主。储层横向连续性好，纵向连续性较差。成岩作用对粒屑灰岩的结构有一定改造作用，产生微孔隙，提高了储层的渗透率。

(2)Itajai-Acu 组 Ilhabla 段储层：主要由细粒－粗粒、中－差分选性、块状浊积砂岩组成，粒度由下到上逐渐变细，厚达 60m，是盆地最重要的储层。砂岩成分成熟度低或未成熟，石英占 60%，长石占 19.5%，基性－酸性火山岩屑占 9%，属于长石砂岩（Sombra et al.，1990）。孔隙类型以原生孔隙为主，浊积砂岩中粒间孔隙大部分保存完好，粒内孔隙仅占 0.5%。Merluza 气田和 1-SPS-20 井，埋深 4700m 时储层的平均孔隙度为 21%，埋深 4900m 时平均孔隙度下降至 16%（Sombra et al.，1990）。1-SPS-20 井储层平均渗透率为 15mD，而 1-SPS-25B 井为 1.5mD。渗透率低的主要原因是绿泥石生长堵塞孔隙喉道（Sombra et al.，1990）。

(3)Jureia 组储层：位于 Jureia 组底部，为细－粗粒、中等分选砂岩，发育交错层理：a 类细－中粒、中等分选净砂岩，具有 S 形交错层理（潮道入口）；b 类中粒、中等－好分选砂岩，具有 S 形交错层理（滨岸）；c 类块状、粗粒、生物碎屑净砂岩、海滩岩；d 类碎屑岩含量很高的砾岩（风暴岩）；e 类细粒、生物扰动的泥质泻湖相净砂岩。深度 4450m（1-SPS-25B 井）储层平均孔隙度为 12%（Sombra et al.，1990），平均渗透率为 30mD（1-SPS-25B 井）。

(4)Marambaia组储层：由浊积岩组成，巴西大西洋盆地广泛发育，是油气勘探的主要对象。油气蕴藏量丰富，但是浅水地区砂体规模很小，分布规律性弱，油气发现少。远源浊积岩是桑托斯盆地大陆斜坡的中部和下部以及深水地区潜在的重要储层。最近Shell石油公司1-SHEL-4A-RJS井和3-SHEL-I-RJS井的油气发现，预测重油储量达500MMBoe（API为15°）。据报道，砂层厚度净毛比值高，其厚度达100m，属于典型的富含砂岩的浊积扇和缓坡沉积。

7.2.3　盖层

桑托斯盆地蒸发岩构成了盐下层序的区域盖层，页岩、泥灰岩构成组内局部盖层。

盆地区域盖层主要是Ariri组盐岩层（如图7-4所示），覆盖了下伏Guaratiba组烃源岩和砂岩以及灰岩储层，后期断裂作用及盐构造运动可能使该组发生破裂或形成盐窗致使烃向上运移。盆地内发育许多组内盖层，如Itajaia-Acu组和Marambaia组浊积砂岩储层的盖层为组内厚层深海相页岩，Jureia组底部海相砂岩储层的盖层是组内页岩，Guaruja组碳酸盐岩储层的盖层一部分是组内页岩、泥灰岩，一部分是上覆的Itanhaem组页岩、泥灰岩。

7.2.4　圈闭

盆地圈闭类型有构造圈闭、地层和岩性圈闭（如图7-11所示）。构造圈闭主要以断层圈闭或与断层相关的背斜圈闭为主，油气主要聚集在断层附近，其次为盐岩运动形成的构造圈闭，如由下伏阿尔步阶盐岩运动形成的Guaruja组NE-SW向穹窿，被南北向断层所贯穿，断层两侧岩性变化，使油气纵、横向都被密封而不至逸散，聚集成油气藏。Estrela Market油田，在盐岩底辟之上形成南北向背斜构造圈闭。地层圈闭主要为地层不整合遮挡油气藏；岩性圈闭主要是砂岩透镜体，如新生界存在许多透镜状浊积砂岩体。Ilhabela段是盆地最重要的储层，Ilhabela段浊积砂岩体被Itajai-Acu组内深水厚层页岩盖层封闭，形成岩性圈闭。同时也存在一些与盐岩运动相关的构造圈闭，如盐岩运动形成的断层和背斜以及其他盐岩构造形成的构造圈闭。

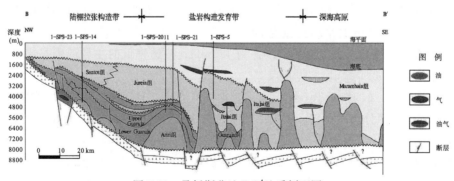

图7-11　桑托斯盆地B-B'地质剖面图

7.2.5　成藏组合

盆地主要成藏组合有：Guaratiba 地层－构造成藏组合、Guaruja 地层－构造成藏组合、Ilhabela 地层－构造－岩性成藏组合、Jureia 构造成藏组合以及 Marambaia 构造成藏组合。

1. 盐下

Guaratiba 地层－构造成藏组合。以 Tupi 油田为代表，在多个油田发现。烃源岩为 Guaratiba 组，储层为 Guaratiba 组砂岩或生物灰岩，位于盐层之下，盖层为 Ariri 组蒸发岩。

2. 盐上

(1)Guaruja 地层－构造成藏组合。在 8 个油田发现。烃源岩为 Guaratiba 组，储层位于碳酸盐岩顶部，埋深大于 4500m，盖层为组内的页岩、泥灰岩和灰泥岩及上覆 Itanh-aem 组页岩和泥灰岩。构造圈闭为北东－南西向穹窿以及下伏阿尔步阶盐岩运动构造，南北向的正断层穿过该穹窿，形成两个断块，圈闭形成于阿尔步期(112~97Ma)。

(2)Ilhabela 地层－构造－岩性成藏组合是盆地盐上层序中最主要的组合，在 11 个油田发现。烃源岩为 Itajai-Acu 组。储层是土仑阶 Ilhabela 段浊积砂岩，呈透镜状夹于 Ita-jai-Acu 组厚层海相页岩中，该页岩是有效的组内盖层。不整合面遮挡也可形成油气藏。与构造有关的圈闭主要是土仑期—坎潘期(90.4Ma~74Ma)的盐岩运动产生的盐枕以及与之伴生的断层、背斜。

(3)Jureia 构造成藏组合。在 Merluza 油田发现。烃源岩为 Itajai-Acu 组。储层为 Ju-reia 组海相砂岩，盖层为页岩。圈闭为背斜，形成于坎潘期(83~74Ma)。

(4)Marambaia 构造成藏组合。在 4 个油田发现。烃源岩为 Itajai-Acu 组。储层为 Marambaia 组深海相厚层页岩所夹的浊积砂岩。碎屑岩透镜体形成岩性圈闭，形成于始新世(56.8~35.4Ma)。

7.3　盆地演化与含油气系统

桑托斯盆地演化与大西洋演化紧密相关。根据 Busby 和 Ingersoll(1995)的盆地分类方法，该盆地属于典型的大西洋被动边缘盆地。

7.3.1　沉积演化

桑托斯盆地在沉积裂谷期间以陆相为主，裂谷后期以海相沉积为主(如图 7-12 所示)。

1. 欧特里夫期—早阿普特期

早白垩世，南美大陆和大西洋分离初期引起裂谷作用，并发生火山活动。裂谷地堑

里充填下白垩统巴雷姆阶—下阿普特阶 Guaratiba 组河流、冲积相碎屑岩、湖相及泻湖相
页岩和碳酸盐岩。裂谷盆地层序发育不对称，从断陷向断垒或火山高地变薄或超覆尖灭
（如图 7-12 所示）。

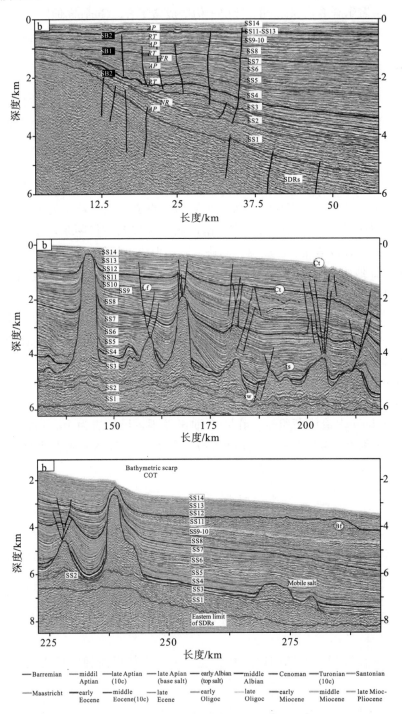

图 7-12 桑托斯盆地地震层序图（据 Contreras et al.，2010）

2. 早阿普特期—晚阿普特期

晚阿普特期，地壳拉伸和裂谷作用停止，发育与基底有关的断层，此后遭受剥蚀。在此过渡阶段，第一次海侵进入地堑内，发育 Ariri 组厚层蒸发岩，厚度可达 2500m，主要为盐岩、石膏和层状白云岩，夹少量的页岩和泥岩。

3. 阿尔步期

后裂谷期部分地层沉积环境为不稳定的局限海相到浅海相(Cainelli and Mohriak，1998)。阿尔步期，海道逐渐打开形成浅海近岸(水深小于 200m)碳酸盐岩台地(Guaruja组)，超咸，底部富氧。古地理表现为碳酸盐岩斜坡沉积，向海洋方向逐渐变为深水泥灰岩和页岩。台地低能量凹陷内沉积了细粒泻湖相碳酸盐岩。盆地边缘内部，发育 Florianoplis 组陆相硅质碎屑扇三角洲。

4. 晚阿尔步期—土仑期

晚阿尔步期—土仑期，碳酸盐岩台被淹没，水深为 200～300m，主要沉积了富有机质黑色页岩(Itajai-Acu 组最底部)，与赛诺曼期/土仑期全球著名的厌氧事件有一定关系。浅海到半远海的过渡带发育上阿尔步阶 Itanhaem 组灰色泥岩。

5. 赛诺曼期

中白垩世以后，沿着海岸线盆地西北部的山脉(Serra do Mar)地壳持续抬升，遭受广泛的剥蚀并搬运至盆地沉积(Mohriak et al.，1995)，沉积 Santos 组冲积、河流相和 Jureia组浅海相地层，陆棚在斜坡上部沉积。斜坡和深水区域，沉积了 Itajai-Acu 组 Ilhabela 段深水相页岩夹浊积砂岩。由于桑托斯盆地的凹形和沿岸强水流，在南部发育前积碎屑岩。白垩纪中期—晚白垩世，全球海平面上升发生海侵，但桑托斯盆地大规模的前积作用却导致沉积海退相地层。

6. 新生代

古新世—晚始新世/早渐新世期间，发生海侵，局部大陆边缘产生崩塌。晚马斯特里赫特期，盆地外部开始沉积。始新世/渐新世期间，盆地内部开始沉积。第一个横贯海岸平原的地层是碳酸台地沉积物(Iguape 组)，沉积时间较短，而后逐渐演变成崩塌和半深海环境，沉积了 Marambaia 组。渐新世发生最大海侵，陆棚边缘向陆移动数千米。海侵之后，盆地沉积中心即现在的大陆斜坡处沉积，发育新近系海退超覆地层。陆棚内缘沉积了碎屑岩和灰岩，陆棚外缘沉积泥岩。

7.3.2　构造演化

1. 同裂谷期(138～118Ma)

早白垩世，由于地幔上升导致地壳热隆升，同时南美大陆和非洲解体，大西洋打开，使位于穹窿顶部的桑托斯盆地开始裂谷作用。产生断层、掀斜断块、铲状断层和地堑-地垒构造。早期裂谷主要受到北东-南西向拉伸，有力证据有：①岩墙方向垂直于巴西南部海岸；②裂谷走向为北东-南西向。欧特里夫期（135～131.8Ma）发生火山喷发活动，而后因隆升遭受剥蚀，形成前阿拉戈斯不整合面，此后裂谷内大部分断层不再活动。

南大西洋裂谷作用期间，地壳快速下沉，发育纽康姆期玄武质熔岩和Camboriu组火山碎屑岩。与基底有关的块断作用期间喷出岩发育。裂谷地堑里充填了下白垩统巴雷姆阶—下阿普特阶Guaratiba组河流、冲积和湖相碎屑岩。靠近地堑断层边缘，砾岩夹火山碎屑岩的断层角砾岩以及湖相、泻湖相页岩、碳酸盐岩覆于镁铁质火山岩之上（如图7-13所示）。

2. 过渡期（118～112Ma）

中-晚阿普特期，盆地停止拉伸和裂谷作用，与基底有关的断层活动几乎停止，仅在断层块体内为达到局部地壳均衡而稍有活动。在些期间，前阿拉戈斯解体，造成裂谷断块顶部抬升和旋转，发生明显准平原作用，局部一些地区受到的影响较弱，仍维持原貌。过渡期第一次海侵进入地堑内，Walvis-Rio Grande山到盆地南部主要发育厚达2500m的Ariri组局限相蒸发岩和层状白云岩夹少量页岩和泥灰岩。圣保罗台地形成宽达300km的盐盆（Mohriak et al.，1995），位于阿布特山脉以东、陆壳和洋壳的拉张过渡带以西。

3. 后裂谷期（112～0Ma）

巴西和非洲之间的大西洋洋中脊的扩张引起地壳的冷却和缩短，导致盆地向海岸方向热沉降，持续沉降导致盆地被滨海淹没。早白垩世裂谷阶段之后到早土仑期，桑托斯盆地沉降相对平稳（Cainelli and Mohriak，1998）。自赛诺曼期始，沿着海岸线的Serra do Mar山脉抬升，为桑托斯盆地提供大量物源。90～88Ma，南美板块形状重组和运动速度改变而引起较多的火山活动。

阿普特阶Ariri组蒸发岩由于受到沉积物进积运动、上覆地层拉伸、重力滑动、重力扩展作用以及可能的下伏裂谷构造等的影响，形成各式各样的盐体构造。存在两个明显构造带：一是靠近滨海受到重力拉张，形成一系列正断层、增生褶皱和褶皱背斜；二是远离滨海地带遭受重力挤压，形成一系列增生褶皱背斜和逆断层。两者的过渡带形成一些倾斜走滑断层和右旋走滑断层。

根据桑托斯盆地的构造特质和演化过程，把盆地划分为3个构造带（如图7-14所示）：

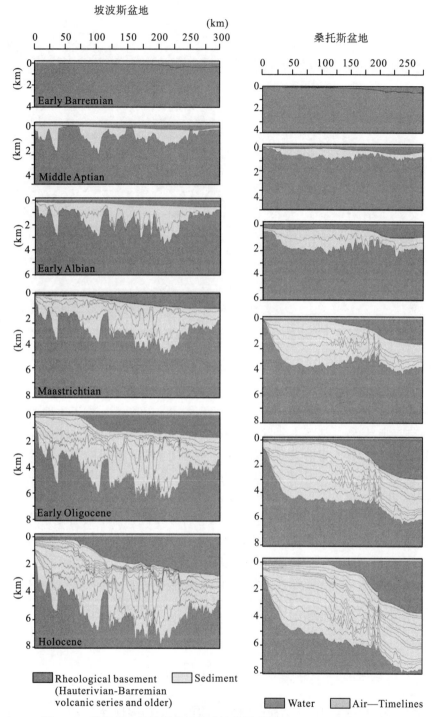

图 7-13　桑托斯和坎波斯盆地构造演化图(据 Contreras et al.，2010)

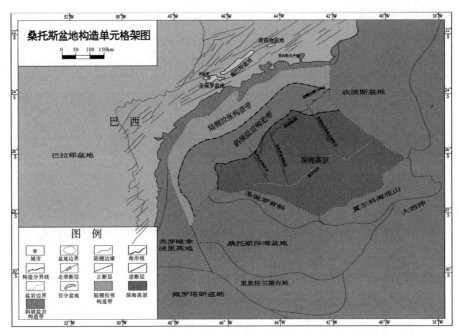

图 7-14　桑托斯盆地构造单元格架图

(1)陆棚拉张构造带。位于盆地北西边缘,无盐岩构造,主要发育北东－南西向正断层及断块构造。

(2)斜坡盐岩构造带。属于拉张区域,宽度为 100～200km,位于盆地西北部－中部,裂谷期间形成(半)地堑,盐下主要发育北东－南西向铲状断层及断块构造。盐岩层以及上部地层盐岩构造特别发育,大型穿窿、底辟等构造常见,披覆褶皱、花状构造也发育。存在一些与下滑拉张有关的构造:铲状增生断层下盘的盐滚、共轭正断层下面的盐墙、龟形构造以及盐焊构造。

(3)深海高原,位于盆地的中－东部,在盐岩分布区,盐下裂谷期层序中仍发育北东－南西向正断层及断层相关构造;盐岩及盐上层序主要发育与重力滑动挤压有关的尖棱褶皱、增生褶皱和逆断层。盐岩分布区以外,为陆壳向洋壳的过渡地带,主要发育张性正断层及相关构造。与大西洋扩张发生的转换断层相关的安哥拉多雷斯左旋走滑断层、圣保罗右旋走滑断层和莫卢扎右旋走滑断层贯穿该构造带,几乎平行排列,走向为北西－南东向。

7.3.3　油气生成、运移、聚集与保存

由计算推测,白垩系 Itajai-Acura 组烃源岩的生油门限埋深在 3600～4500m 处(Gibbons et al.,1983)。陆棚地区,大部分烃源岩一般接近生油门限深度。盆地模拟(Gibbons et al.,1983)结果表明,位于陆棚的 Itajai-Acura 组烃源岩在渐新世或者中新世开始生烃,晚中新世达到生油高峰。斜坡地区,在古新世中白垩统烃源岩开始生烃,并且很可能已经处于主生油窗之内(Joyes and Leu,1998)。在圣保罗海底平原,Itajai-Acu 组未

进入生油窗。

　　盆地模拟(Joyes and Leu，1998)资料表明，位于斜坡地区的同裂谷期 Guaratiba 组烃源岩在晚白垩世即达到成熟，有可能在阿尔步期开始生烃。阿尔步期到土仑期油气生成。三冬期陆棚大部分地区的烃源岩已达过成熟。上白垩统厚度很大，推测白垩纪结束时陆棚烃源岩可能已经停止生烃。另外，圣保罗海底平原大部分的 Guaratiba 组烃源岩并未进入生油窗。

　　盆地内烃类运移的主要通道是断层和不整合面以及与盐岩有关的构造，与坎波斯盆地油气运移有相似性(如图 7-15 所示)。盐岩之下 Guaratiba 组的砾岩可能作为油气输导层；当盐岩产生断层时或盐焊/盐构造窗，油气可能沿着这些通道向上运移。土仑阶 Ita-jai-Acu 组烃源岩生成的油气可能沿着盐丘附近的断层向下运移至较老的阿尔步阶地层，出现上生下储组合；Itajai-Acu 组烃源岩生成的油气发生侧向运移进入上白垩统储层，在侧向运移过程中可能沿着断层发生纵向运移。

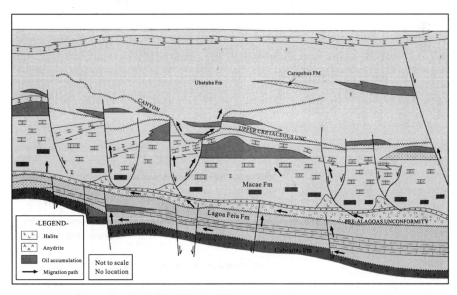

图 7-15　坎波斯盆地油气运移路径示意图(据 Guardado，1990)

7.3.4　含油气系统

　　桑托斯盆地存在两个含油气系统：Guaratiba-Sag/Guaruja/Ilhabela 含油气系统和Itajai-Acu-Ilhabela/Marambaia 含油气系统。

　　(1)Guaratiba-Guaruja/Ilhabela 含油气系统是盆地最重要的含油气系统(如图 7-16 所示)。烃源岩是盐下的下白垩统 Guaratiba 组湖相和泻湖相页岩、泥灰岩。主要储层是Guaratiba 组内部碎屑岩和 Sag 段生物碎屑灰岩和盐上的下-中阿尔步阶 Guaruja 组、土仑阶 Itajai-Acu 组 Ilhabela 段浊积砂岩。盖层一般是组内的页岩、灰泥岩和泥灰岩。盆地模拟结果表明从阿尔步期—土仑期油气持续生成，而在阿尔步期—马斯特里赫特期油气沿着断层运移。

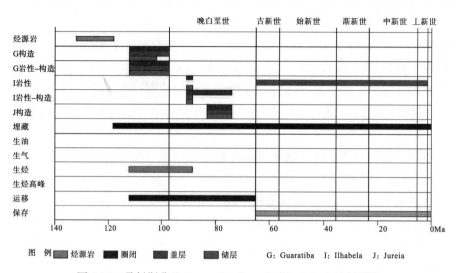

图 7-16　桑托斯盆地 Guaratiba-Guaruja/Ilhabela 含油气系统

（2）Itajai-Acu-Ihabela/Marambaia 含油气系统是盆地第二个主要的含油气系统（如图 7-17 所示）。烃源岩是 Itajai-Acu 组深海相页岩。主要储层是 Itajai-Acu 组 Ilhabela 段浊积砂岩和新生界 Marambaia 组浊积砂岩。盖层大部分是组内的页岩或者灰泥岩。盆地模拟结果表明盆地深部生烃从中新世持续至今。油气可能沿着断层发生水平和垂向运移至上白垩统—古近系储层。

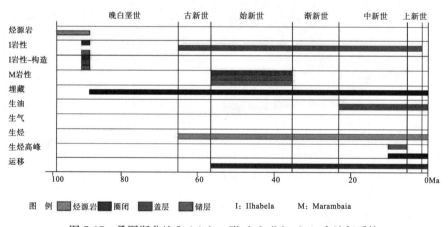

图 7-17　桑图斯盆地 Itajai-Acu-Ilhabela/Marabaia 含油气系统

7.4　盐岩构造对油气影响

南美大西洋被动边缘油气富集带主要在中部，即坎波斯、桑托斯、圣埃斯皮里图等盆地，其显著特点是这几个盆地都发育阿尔步阶盐岩，目前发现的大型油气田几乎均与盐岩有密切关系。由此可见盐岩对油气具有特殊意义。

盐岩具有高流动性、低渗透率和相对高的热导率，这些不仅仅对油气的圈闭和封盖具有积极作用，而且能阻止盐层下面烃源岩过成熟和加速盐层上面烃源岩成熟。盐岩流动为油气运移提供了驱动力，而盐岩构造及其伴生构造又为油气提供了运移通道和油气聚集的有利空间。

7.4.1　盐岩对油气运移的作用

盐岩构造，如底辟、岩帐篷、断层系统和滑脱，是被动边缘盆地最复杂的构造。盐岩层可以作为一个滑脱面，允许上覆沉积层向海洋方向运移几十公里。Ings 的数字模拟实验证实厚度小于 100m 的盐层可以使上覆层滑移 50km。这些滑动面有利于油气的长距离运移。同时，与盐岩构造伴生的断层系统是地下流体运移的主要通道。从图 7-11 和图 7-18 中可以看出，桑托斯盆地油气藏发育于盐岩构造的顶部或者侧部，或者是不整合面，它们一般都发育断层，油气沿着这些断层系统进入盐岩附近的储层。盐焊也可形成圈闭。Rowan 等（2001）认为盐焊既可以作为油气运移的输导层，也可以作为盖层封盖油气。盆地油气分布部分受控于烃源岩分布，部分受控于盐墙或盐焊，盐焊作为输导层有利于流体的水平和垂直运移。盐岩底辟促进烃垂直运移。如果盐岩构造在运动过程中与已形成的油气藏接触，有可能捕获油气，使油气随盐体一起运动，这些都促进了油气的再运移，使之形成次生油气藏（刘晓峰和解习农，2001）。

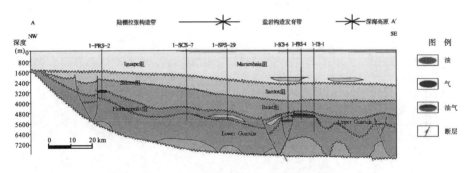

图 7-18　桑托斯盆地 A-A′地质剖面图

7.4.2　盐岩对油气圈闭和封盖的作用

Seni 于 1984 年总结描述了成熟盐刺穿周围可能的沉积相变化及 22 种可能的油气圈闭，由此可见与盐岩构造有关的油气圈闭类型复杂而多样。桑托斯盆地圈闭类型主要是与盐岩有关的构造和地层－岩性圈闭。例如，Ilhabela 地层－构造－岩性成藏组合是桑托斯盆地最主要的组合，蕴含盆地 70% 的石油，85% 的凝析油，92% 的天然气。储层是土仑阶 Ilhabela 段浊积砂岩，呈透镜状夹于 Itajai-Acu 组厚层海相页岩中。其构造圈闭主要是土仑期—坎潘期的盐岩运动产生的盐枕以及与之伴生的断层、背斜。

桑托斯盆地油气要想进入上白垩统和古近系储层，它们必须突破区域性盖层 Ariri 组盐岩（如图 7-19 所示）。但是在南大西洋大陆边缘的富盐岩深水沉积的情况下，Guaratiba组油气很难突破上覆阿普特阶 Ariri 组盐岩，油气圈闭在 Guaratiba 组砂岩和灰岩储层中，形成自生自储盐岩封盖成藏组合。但盐岩运动伴生的一些构造可能使油气向上运移聚集。

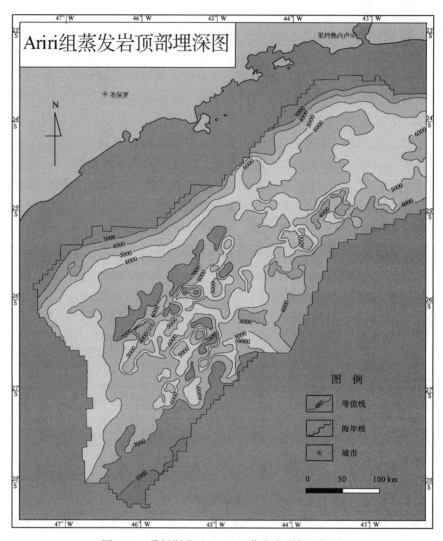

图 7-19　桑托斯盆地 Ariri 组蒸发岩顶部埋深图

7.4.3　盐岩对浊积岩分布的控制作用

　　盐岩对浊积岩分布具有一定影响。盐岩差异运动形成幅度不等的盐岩构造，造成海底地形差异，当浊流经过两个盐岩体之间时，流速降低呈舌形或扇状沉积，使浊积砂岩——储集体紧邻盐岩构造，有利于油气富集。在图 7-13 中可以看出桑托斯盆地的浊积岩除北东边缘扇状体受控于海底峡谷外，其他全部分布于盐岩构造的西南，与盐岩构造呈镶嵌分布，整体呈北东-南西带状分布。

　　另外，盐岩高导热率也对上覆和下伏烃源岩有一定影响作用，能够阻止盐层下面烃源岩过成熟和加速盐层上面烃源岩成熟。桑托斯盆地主要烃源岩巴雷姆阶——下阿普特阶的 Guaratiba 组前盐湖相页岩下伏于 Ariri 组盐岩,二者呈不整合接触。Guaratiba 组烃源岩成熟度变化很大,从未成熟到过成熟,推测可能与上覆 Ariri 组盐岩有一定关系,盐焊地方可能因缺失盐岩导热加速烃源岩成熟,而存在盐株、盐墙的下伏烃源岩因盐岩导热使温度较低未达到生烃门限而未成熟。

7.4.4　盐岩分布区的油气勘探开发潜力

近年来连续的重大油气发现表明,巴西东南部盐岩分布盆地群为目前世界上最具勘探潜力的地区(如图 7-20 所示)。据巴西石油公司 2008 年资源量估算,坎波斯盆地占巴西远景石油储量的 28.7%,桑托斯盆地占 27.3%,南巴伊亚盆地占 16.5%,圣埃斯皮里图盆地占 11%,4 个盆地共计占巴西油气潜力的 78%,远景可采资源量在 500 亿桶以上,甚至可能超过 3000 亿桶。

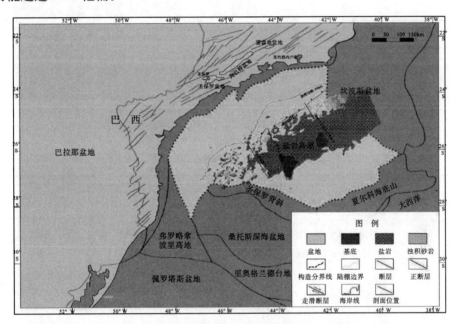

图 7-20　桑托斯盆地浊积砂岩和盐岩分布图

根据盆地构造区带的划分,桑托斯盆地可相应划出 3 个油气聚集带:陆棚拉张构造油气聚集带,斜坡盐岩构造油气富集带,深海高原油气聚集带(如图 7-21,7-22 所示)。

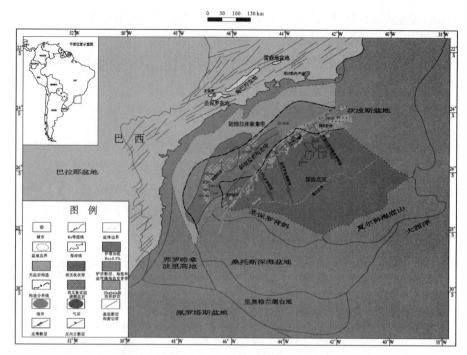

图 7-21　桑托斯盆地地油气地质条件综合评价图

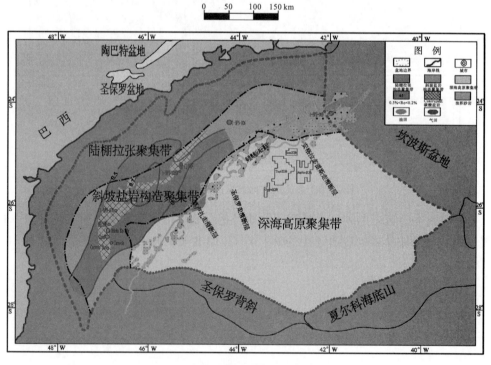

图 7-22　桑托斯盆地油气聚焦带分布图

参 考 文 献

曹慧缇.1990.石油地球化学研究中的基础参数——生油指标、类型、演化参数研究的新进展[J].石油实验地质，(S1)：36-40.

陈立官.1990.油气测井地质[M].成都：成都科技大学出版社.

黄智辉.1986.地球物理测井资料在分析沉积环境中的应用[M].北京：地质出版社.

黄宗理.2005.地球科学大辞典[M].北京：地质出版社.

李亚美，夏德馨.1985.地史学[M].北京：地质出版社.

刘晓峰，解习农.2001.与盐构造相关的流体流动和油气运聚[J].地学前缘，8(4)：343-349

刘钰铭，侯加根，王连敏，等.2009.辫状河储层构型分析[J].中国石油大学学报（自然科学版），33(1)：7-11.

陆克政，朱筱敏，漆家福.2001.含油气盆地分析[M].东营：中国石油大学出版社.

马丽芳.2002.中国地质图集[M].北京：地质出版社.

马正.1982.应用自然电位测井曲线解释沉积环境[J].石油与天然气地质，3(1)：25-40.

谯汉生.2004.裂谷盆地石油地质[M].北京：石油工业出版社.

孙永传，李蕙生.1986.碎屑岩沉积相和沉积环境[M].北京：地质出版社.

王鸿祯，刘本培.1980.地史学教程[M].北京：地质出版社.

夏树芳.1991.历史地质学[M].北京：地质出版社.

于兴河.2004.辫状河储层地质模式及层次界面分析[M].北京：石油工业出版社.

于兴河.2008.碎屑岩系油气储层沉积学[M].北京：石油工业出版社.

张占松，张超谟.2007.测井资料沉积相分析在砂砾岩体中的应用[J].石油天然气学报，29(4)：91-93.

赵希刚，吴汉宁，王靖华，等.2004.综合测井资料在研究油气藏沉积相中的应用——以川口油田长六油层组为例[J].地球物理学进展，19(4)：918-923.

中国石化石油勘探开发研究院无锡石油地质研究所.2005.南美洲重点盆地油气地质特征和勘探潜力研究[R].

中国石油学会石油地质委员会.1988.碎屑岩沉积相研究[M].北京：石油工业出版社.

Aceñolaza F G, Miller H, Toselli A J. 2002. Proterozoic-Early Paleozoic evolution in western South America—a discussion[J]. Tectonophysics，354(1)：121-137.

Armella C, Cabaleri N, Leanza H A. 2007. Tidally dominated, rimmed-shelf facies of the Picún Leufú Formation(Jurassic/Cretaceous boundary) in southwest Gondwana, Neuquén Basin, Argentina[J]. Cretaceous Research，28(6)：961-979.

Assumpcao M. 1992. The regional intraplate stress field in South America[J]. Journal of Geophysical Research Solid Earth，97(B8)：11889-11903.

Basei M A S, Citroni S B, Siga Junior O. 1998. Stratigraphy and age of fini-proterozoic basins of paraná and santa catarina states, Southern Brazil[J]. Boletim IG-USP. Série Científica，29：195-216.

Beck M E. 1987. Tectonic rotations on the leading edge of South America：the Bolivian oroc line revisited[J]. Geology，15(9)：806-808.

Beck M E. 1998. On the mechanism of crustal block rotations in the central Andes[J]. Tectonophysics，299(1)：75-92.

Bezerra F H R, Vita-Finzi C. 2000. How active is a passive margin? Paleoseismicity in northeastern Brazil[J]. Geology，28(7)：591-594.

Biddle K T. 2000. 活动大陆边缘盆地(AAPG 论文集-52)[M]. 穆献中，杨金凤，李剑，译.北京：石油工业出版社.

Blumberg S, Lamy F, Arz H W, et al. 2008. Turbiditic trench deposits at the South-Chilean active margin：a Pleistocene-Holocene record of climate and tectonics[J]. Earth and Planetary Science Letters，268(3)：526-539.

Boggiani P C. 1997. Análise estratigráfica da Bacia Corumbá (Neoproterozoico)-Mato Grosso do Sul[D]. São Paulo: Universidade de São Paulo.

Bralower T J, Lorente M A. 2003. Paleogeography and stratigraphy of the La Luna Formation and related Cretaceous anoxic depositional systems[J]. Palaios, 18(4): 301-304.

Bridge J S, Jalfin G A, Georgieff S M. 2000. Geometry, lithofacies, and spatial distribution of Cretaceous fluvial sandstone bodies, San Jorge Basin, Argentina: outcrop analog for the hydrocarbon-bearing Chubut Group[J]. Journal of Sedimentary Research, 70(2): 341-359.

Burns K L, Rickard M J, Belbin L, et al. 1980. Further paleomagnetic confirmation of the Magallanes orocline[J]. Tectonophysics, 63, 75-90.

Busby C J, Ingresoll R V. 1995. Tectonics of Sedimentary Basins[M]. Oxford: Blackwell Science.

Bussell M A. 1983. Timing of tectonic and magmatic events in the Central Andes of Peru[J]. Journal of the Geological Society, 140(2): 279-286.

Cainelli C, Mohriak W U. 1998. Geology of Atlantic eastern brazilian basins[C]. 1998 American Association of Petroleum Geologists International Conference and Exhibitions, Rio de Janeiro, Brazil, Short Course, 1-67.

Calderón M, Fildani A, Herve F, et al. 2007. Late Jurassic bimodal magmatism in the northern sea-floor remnant of the Rocas Verdes basin, southern Patagonian Andes[J]. Journal of the Geological Society, 164(5): 1011-1022.

Carrapa B, Hauer J, Schoenbohm L, et al. 2008. Dynamics of deformation and sedimentation in the northern Sierras Pampeanas: an integrated study of the Neogene Fiambalá basin, NW Argentina[J]. Geological Society of America Bulletin, 120(11): 1518-1543.

Castillo M V, Mann P. 2006. Cretaceous to Holocene structural and stratigraphic development in south Lake Maracaibo, Venezuela, inferred from well and three-dimensional seismic data[J]. AAPG Bulletin, 90(4): 529-565.

Castillo M V, Mann P. 2006. Deeply buried, early cretaceous paleokarst terrane, southern Maracaibo Basin, Venezuela [J]. AAPG Bulletin, 90(4): 567-579.

Cembrano J, Lavenu A, Reynolds P, et al. 2002. Late Cenozoic transpressional ductile deformation north of the Nazca-South America-Antarctica triple junction[J]. Tectonophysics, 354(3): 289-314.

Contreras J, Zühlke R, Bowman S, et al. 2010. Seismic stratigraphy and subsidence analysis of the southern Brazilian margin (Campos, Santos and Pelotas basins)[J]. Marine and Petroleum Geology, 27(9): 1952-1980.

Cordoba F. 1998. Sistemas petrolíferos de la subprovincia de Neiva, valle superior del Magdalena, Colombia[D]. Petroleum Systems of the Neiva Sub-basin, Upper Magdalena Basin, Colombia, 1-344.

Coutand I, Diraison M, Cobbold P R, et al. 1999. Structure and kinematics of a foothills transect, Lago Viedma, southern Andes (49°30′ S)[J]. Journal of South American Earth Sciences, 12(1): 1-15.

Cristallini E, Cominguez A H, Ramos V A. 1997. Deep structure of the Metan-Guachipas region: Tectonic inversion in northwestern Argentina[J]. Journal of South American Earth Sciences, 10(5): 403-421.

Cunha A A S, Koutsoukos E A M. 2001. Orbital cyclicity in a Turonian sequence of the Cotinguiba formation, Sergipe basin, NE Brazil[J]. Cretaceous Research, 22(5): 529-548.

Cunningham W D, Dalziel I W D, Lee T Y, et al. 1995. Southernmost South America-Antarctic Peninsula relative plate motions since 84 Ma: implications for the tectonic evolution of the Scotia Arc region[J]. Journal of Geophysical Research Atmospheres, 100(B5): 8257-8266.

Cunningham W D, Klepeis K A, Gose W A, et al. 1991. The patagonian orocline: new paleomagnetic data from the Andean magmatic arc in Tierra del Fuego, Chile [J]. Journal of Geophysical Research: Solid Earth, 96 (B10): 16061-16067.

Cunningham W D. 1995. Orogenesis at the southern tip of the Americas: the structural evolution of the Cordillera Darwin metamorphic complex, southernmost Chile[J]. Tectonophysics, 244(4): 197-229.

Dalla Salda L H, Dalziel I W D, Cingolani C A, et al. 1992. Did the Taconic Appalachians continue into southern South America? [J]. Geology, 20(12): 1059-1062.

Dalziel I W D, de Wit M J, Palmer K F. 1974. Fossil marginal basin in the southern Andes[J]. Nature, 250: 291-294.

Dalziel I W D, Elliot D H. 1973. The Scotia Arc and Antarctic Margin[M]. NewYork: Springer US.

Dalziel I W D. 1981. Back-arc extension in the southern Andes: a review and critical reappraisal[J]. Philosophical Transactions of the Royal Society of London A: Mathematical, Physical and Engineering Sciences, 300 (1454): 319-335.

Davis J S, Roeske S M, Mcclelland W C, et al. 2000. Mafic and ultramafic crustal fragments of the southwestern Precordillera terrane and their bearing on tectonic models of the early Paleozoic in western Argentina[J]. Geology, 28 (2): 171-174.

de Almeida F F M, de Brito Neves B B, Carneiro C D R. 2000. The origin and evolution of the South American Platform [J]. Earth-Science Reviews, 50(1): 77-111.

de Brito Neves B B. 2002. Main stages of the development of the sedimentary basins of South America and their relationship with the tectonics of supercontinents[J]. Gondwana Research, 5(1): 175-196.

DeCarvalho M D, Praca U M, De Moraes Jr J J, et al. 1990. Microfácies, modelo deposicional e evolução da plataforma Carbonática do Eo/Mesoalbiano da Bacia de Santos(Deep carbonate reservoirs of the eo/meso Albian of the Santos Basin)[J]. Boletim de geociências da PETROBRAS, 4 (4), 429-450.

DeCelles P G, Carrapa B, Gehrels G E. 2007. Detrital zircon U-Pb ages provide provenance and chronostratigraphic information from Eocene synorogenic deposits in northwestern Argentina[J]. Geology, 35(4): 323-326.

Dickey P A. 1992. La Cira-Infantas Field-Colombia Middle Magdalena Basin[J]. AAPG Bulletin, 21: 323-347.

Diebold J B, Stoffa P L, Buhl P, et al. 1981. Venezuela Basin crustal structure[J]. Journal of Geophysical Research: Solid Earth, 86(B9): 7901-7923.

Diemer J A, Forsythe R D, Engelhardt D, et al. 1997. An Early Cretaceous forearc basin in the Golfo de Penas region, southern Chile[J]. Journal of the Geological Society, 154(6): 925-928.

Dimieri L V. 1997. Tectonic wedge geometry at Bardas Blancas, southern Andes(36°S), Argentina[J]. Journal of Structural Geology, 19(11): 1419-1422.

Diraison M, Cobbold P R, Gapais D, et al. 2000. Cenozoic crustal thickening, wrenching and rifting in the foothills of the southernmost Andes[J]. Tectonophysics, 316(1): 91-119.

dos Santos Nascimento M, Góes A M, Macambira M J B, et al. 2007. Provenance of Albian sandstones in the S？o Luís-Grajaú Basin(northern Brazil)from evidence of Pb-Pb zircon ages, mineral chemistry of tourmaline and palaeocurrent data[J]. Sedimentary Geology, 201(1): 21-42.

Duerto L, Escalona A, Mann P, et al. 2006. Deep structure of the Mérida Andes and Sierra De Perijá Mountain Fronts, Maracaibo Basin, Venezuela[J]. Aapg Bulletin, 90(4): 505-528.

Dávila F M, Astini R A, Schmidt C J. 2003. Unraveling 470 my of shortening in the Central Andes and documentation of Type 0 superposed folding[J]. Geology, 31(3): 275-278.

Dávila F M, Astini R A. 2003. Early Middle Miocene broken foreland development in the southern Central Andes: evidence for extension prior to regional shortening[J]. Basin Research, 15(3): 379-396.

Elias A R D, De Ros L F, Mizusaki A M P, et al. 2004. Diagenetic patterns in eolian/coastal sabkha reservoirs of the Solimoes Basin, northern Brazil[J]. Sedimentary Geology, 169(3): 191-217.

Escalona A, Mann P. 2003. Three-dimensional structural architecture and evolution of the Eocene pull-apart basin, central Maracaibo basin, Venezuela[J]. Marine and petroleum geology, 20(2): 141-161.

Ferreira F, De Moraes R, Fawcett J J, et al. 1998. Amphibolite to granulite progressive metamorphism in the Niquelandia Complex, Central Brazil: regional tectonic implications[J]. Journal of South American Earth Sciences, 11 (1): 35-50.

Forsythe R. 1982. The Late Palaeozoic to Early Mesozoic evolution of Southern South America: a plate tectonic interpretation[J]. Journal of the Geological Society, 139(6): 671-682.

Frantz J C, Botelho N F. 2000. Neoproterozoic granitic magmatism and evolution of the eastern Dom Feliciano Belt in southernmost Brazil: a tectonic model[J]. Gondwana Research, 3(1): 7-19.

Franzese J, Spalletti L, Pérez I G, et al. 2003. Tectonic and paleoenvironmental evolution of Mesozoic sedimentary basins along the Andean foothills of Argentina (32°-54°S) [J]. Journal of South American Earth Sciences, 16 (1): 81-90.

Gallagher K, Brown R. 1997. The onshore record of passive margin evolution[J]. Journal of the Geological Society, 154 (3): 451-457.

Gallango O, Novoa E, Bernal A. 2002. The petroleum system of the central Perija fold belt, western Venezuela[J]. AAPG Bulletin, 86(7): 1263-1284.

Galli C I, Hernández R M. 1999. Evolución de la Cuenca de Antepaís desde la zona de la Cumbre Calchaquí hasta la Sierra de Santa Bárbara, Eoceno inferior-Mioceno medio, provincia de Salta, Argentina[J]. Acta geológica hispánica, 34 (2): 167-184.

Gargiulo M F. 2006. Caracterización del basamento metamórfico en el extremo oriental del Brazo Huemul, Provincia de Neuquén[J]. Revista de la Asociación Geológica Argentina, 61(3): 355-363.

Gibbons M J, Williams A K, Piggott N, et al. 1983. Petroleum geochemistry of the southern Santos Basin, offshore Brazil[J]. Journal Geological Society of London, 140 (3): 423-430.

González G, Cembrano J, Carrizo D, et al. 2003. The link between forearc tectonics and Pliocene-Quaternary deformation of the Coastal Cordillera, northern Chile[J]. Journal of South American Earth Sciences, 16(5): 321-342.

Gorney D, Escalona A, Mann P, et al. 2007. Chronology of Cenozoic tectonic events in western Venezuela and the Leeward Antilles based on integration of offshore seismic reflection data and on-land geology[J]. AAPG Bulletin, 91 (5): 653-684.

Gorring M L, Kay S M, Zeitler P K, et al. 1997. Neogene Patagonian plateau lavas: continental magmas associated with ridge collision at the Chile Triple Junction[J]. Tectonics, 16(1): 1-17.

Gripp A E, Gordon R G. 1990. Current plate velocities relative to the hotspots incorporating the NUVEL-1 global plate motion model[J]. Geophysical Research Letters, 17(8): 1109-1112.

Harris S E, Mix A C. 2002. Climate and tectonic influences on continental erosion of tropical South America, 0-13 Ma [J]. Geology, 30(5): 447-450.

Hedberg H D. 1950. Geology of the Eastern Venezuela Basin[J]. Bull. Geol. Soc. America, 61(11): 1172-1216.

Holz M. 2003. Sequence stratigraphy of a lagoonal estuarine system—an example from the lower Permian Rio Bonito Formation, Paraná Basin, Brazil[J]. Sedimentary Geology, 162(162): 305-331.

Homovc J F, Constantini L. 2001. Hydrocarbon exploration potential within intraplate shear-related depocenters: Deseado and San Julián basins, southern Argentina[J]. AAPG Bulletin, 85(10): 1795-1816.

Hoorn C, Guerrero J, Sarmiento G A, et al. 1995. Andean tectonics as a cause for changing drainage patterns in Miocene northern South America[J]. Geology, 23(3): 237-240.

Horton B K, Hampton B A, LaReau B N, et al. 2002. Tertiary provenance history of the northern and central Altiplano(central Andes, Bolivia): a detrital record of plateau-margin tectonics[J]. Journal of Sedimentary Research, 72 (5): 711-726.

Iaffaldano G, Bunge H P, Bücker M. 2007. Mountain belt growth inferred from histories of past plate convergence: a new tectonic inverse problem[J]. Earth and Planetary Science Letters, 260(3): 516-523.

Ings S J, Shimeld J W. 2006. A new conceptual model for the structural evolution of a regional salt detachment on the northeast Scotian margin, offshore eastern Canada[J]. AAPG Bulletin, 90(9): 1407-1423.

Jacques J M. 2003. A tectonostratigraphic synthesis of the Sub-Andean basins: implications for the geotectonic segmentation of the Andean Belt[J]. Journal of the Geological Society, 160(5): 687-701.

Jacques J M. 2003. A tectonostratigraphic synthesis of the Sub-Andean basins: inferences on the position of South American intraplate accommodation zones and their control on South Atlantic opening[J]. Journal of the Geological Society, 160(5): 703-717.

Jacques J M. 2004. The influence of intraplate structural accommodation zones on delineating petroleum provinces of the Sub-Andean foreland basins[J]. Petroleum Geoscience, 10(1): 1-19.

Jaillard E, Soler P, Carlier G, et al. 1990. Geodynamic evolution of the northern and central Andes during early to middle Mesozoic times: a Tethyan model[J]. Journal of the Geological Society, 147(6): 1009-1022.

Jones P B. 1995. Geodynamic evolution of the eastern Andes, Colombia: an alternative hypothesis[C]. Petroleum Basins of South America, Memoir American Association of Petroleum Geologists, 62: 647-658.

Jordan T E, Mpodozis C, Munoz N, et al. 2007. Cenozoic subsurface stratigraphy and structure of the Salar de Atacama Basin, northern Chile[J]. Journal of South American Earth Sciences, 23(2): 122-146.

Jordan T E, Schlunegger F, Cardozo N. 2001. Unsteady and spatially variable evolution of the Neogene Andean Bermejo foreland basin, Argentina[J]. Journal of South American Earth Sciences, 14(7): 775-798.

Joyes R, Leu W. 1998. Brazilian Basins. Deepwater exploration opportunities[R]. Petroconsultants Non-Exclusive Report, 1-250.

Keller G, Adatte T, Tantawy A A, et al. 2007. High stress late Maastrichtian-early Danian palaeoenvironment in the Neuquén Basin, Argentina[J]. Cretaceous Research, 28(6): 939-960.

Kerr A C, Tarney J. 2005. Tectonic evolution of the Caribbean and northwestern South America: the case for accretion of two Late Cretaceous oceanic plateaus[J]. Geology, 33(4): 269-272.

Klepeis K A, Austin J A. 1997. Contrasting styles of superposed deformation in the southernmost Andes[J]. Tectonics, 16(5): 755-776.

Kley J, Monaldi C R, Salfity J A. 1999. Along-strike segmentation of the Andean foreland: causes and consequences [J]. Tectonophysics, 301(1): 75-94.

Kraemer P E. 1993. Perfil estructural de la Cordillera Patagónica Austral a los 50° L. S. , Santa Cruz. XII Congr[J]. Geol. Arg. Y II Congr. Explor. Hidroncarburos, Buenos Aires 3, 119-125.

Lamb S, Hoke L. 1983. Origin of the high plateau in the central Andes, Bolivia, South America[J]. Tectonics, 16(4): 623-649.

Lamb S. 2001. Vertical axis rotation in the Bolivian orocline, South America: 2. Kinematic and dynamical implications [J]. Journal of Geophysical Research: Solid Earth, 106(B11): 26633-26653.

Limarino C O, Spalletti L A. 2006. Paleogeography of the upper Paleozoic basins of southern South America: an overview[J]. Journal of South American Earth Sciences, 22(3): 134-155.

Lugo J, Mann P. 1995. Jurassic-Eocene tectonic evolution of Maracaibo Basin, Venezuela[C]. Petroleum Basins of South America, Memoir American Association of Petroleum Geologists, 62, 699-725.

MacDonald W D, Opdyke N D. 1972. Tectonic rotations suggested by paleomagnetic results from northern Colombia, South America[J]. Journal of Geophysical Research, 77(29): 5720-5730

Magini C, Santos T S, Neves B B B, et al. , 1999. Statherian Taphrogenesis in the Borborema Province, NE Brazil [J]. Saagi 2: 327-330.

Malizia D C, Reynolds J H, Tabbutt K D. 1995. Chronology of Neogene sedimentation, stratigraphy, and tectonism in the Campo de Talampaya region, La Rioja Province, Argentina[J]. Sedimentary Geology, 96(3): 231-255.

Mann P, Escalona A, Castillo M V. 2006. Regional geologic and tectonic setting of the Maracaibo supergiant basin, western Venezuela[J]. AAPG Bulletin, 90(4): 445-477.

Mantovani M S M, Shukowsky W, de Freitas S R C, et al. 2005. Lithosphere mechanical behavior inferred from tidal gravity anomalies: a comparison of Africa and South America [J]. Earth and Planetary Science Letters, 230 (3): 397-412.

Martins-Neto M A, Pedrosa-Soares A C, Lima S A A. 2001. Tectono-sedimentary evolution of sedimentary basins from Late Paleoproterozoic to Late Neoproterozoic in the Sao Francisco craton and Ara? ua? fold belt, eastern Brazil[J]. Sedimentary Geology, 141(1): 343-370.

Martins-Neto M A. 1996. Lacustrine fan-deltaic sedimentation in a Proterozoic rift basin: the Sopa-Brumadinho Tectonosequence, southeastern Brazil[J]. Sedimentary Geology, 106(1): 65-96.

Masaferro J L, Bulnes M, Poblet J, et al. 2003. Kinematic evolution and fracture prediction of the Valle Morado structure inferred from 3-D seismic data, Salta province, northwest Argentina[J]. AAPG Bulletin, 87(7): 1083-1104.

Mathalone J M P, Montoya M R. Petroleum geology of the sub-Andean basin of Peru[A] // Tankard A, Súarez Soruco R, Welsink H J. AAPG memoir 62: Petroleum basins of south America[C]. Tulsa: AAPG, 423-444.

Mello M R, Nepomuceno F. 1992. The hydrocarbon source potential of Brazil and West Africa salt basins: a multidisciplinary approach[C]. American Association of Petroleum Geologists 1992 Annual Convention, Abstracts, American Association of Petroleum Geologists and Society of Economic Paleontologists and Mineralogists Annual Meeting, 88.

Milani E J, Zalan P V. 1999. An outline of the geology and petroleum systems of the Paleozoic interior basins of South America[J]. Episodes, 22(3): 199-205.

Milano M T, Steel R J. 2002. A high-frequency sequence study: a Miocene deltaic and estuarine succession in the eastern Maracaibo composite foreland basin, western Venezuela [J]. Bulletin of Canadian Petroleum Geology, 50 (1): 3-30.

Miller H. 1984. Orogenic development of the Argentinian/Chilean Andes during the Palaeozoic[J]. Journal of the Geological Society, 141(5): 885-892.

Minster J B, Jordan T H. 1978. Present-day plate motions[J]. Journal of Geophysical Research: Solid Earth, 83(B11): 5331-5354.

Mizusaki A M P, Thomaz-Filho A, Milani E J, et al. 2002. Mesozoic and Cenozoic igneous activity and its tectonic control in northeastern Brazil[J]. Journal of South American Earth Sciences, 15(2): 183-198.

Modica C J, Brush E R. 2004. Postrift sequence stratigraphy, paleogeography, and fill history of the deep-water Santos Basin, offshore southeast Brazil[J]. AAPG Bulletin, 88(7): 923-945.

Mohriak W U, Bassetto M, Vieira I S. 1998. Crustal architecture and tectonic evolution of the Sergipe-Alagoas and Jacuipe basins, offshore northeastern Brazil[J]. Tectonophysics, 288(1): 199-220.

Mohriak W U, Rabelo J H L, De Matos R D, et al. 1995. Deep seismic reflection profiling of sedimentary basins offshore Brazil: geological objectives and preliminary results in the Sergipe Basin[J]. Journal of Geodynamics, 20 (4): 515-539.

Molina A C, Cordani U G, MacDonald W D. 2006. Tectonic correlations of pre-Mesozoic crust from the northern termination of the Colombian Andes, Caribbean region[J]. Journal of South American Earth Sciences, 21(4): 337-354.

Mora C. 2000. Evaluation of petroleum systems potential in the Colombian Cretaceous basins with commercial production [R]. Ecopetrol Internal Report.

Mulcahy S R, Roeske S M, McClelland W C, et al. 2007. Cambrian initiation of the Las Pirquitas thrust of the western Sierras Pampeanas, Argentina: Implications for the tectonic evolution of the proto-Andean margin of South America[J]. Geology, 35(5): 443-446.

Mángano M G, Buatois L A. 1996. Shallow marine event sedimentation in a volcanic arc-related setting: the Ordovician Suri Formation, Famatina Range, northwest Argentina[J]. Sedimentary Geology, 105(1): 63-90.

Mégard F. 1984. The Andean orogenic period and its major structures in central and northern Peru[J]. Journal of the Geological Society, 141(5): 893-900.

Navarro J, Alaminos A. 2006. Cretaceous and Tertiary petroleum systems in the Catatumbo Basin (Colombia)[C]. Memorias IX Simposio Bolivariano: Exploracion Petrolera en las Cuencas Subandinas. Asociacion Colombiana de Geologos y Geofisicos del Petroleo, Bogota, Colombia.

Noble S R, Aspden J A, Jemielita R. 1997. Northern Andean crustal evolution: new U-Pb geochronological constraints from Ecuador[J]. Geological Society of America Bulletin, 109(7): 789-798.

Ortiz-Jaureguizar E, Cladera G A. 2006. Paleoenvironmental evolution of southern South America during the Cenozoic [J]. Journal of Arid Environments, 66(3): 498-532.

Palma R M, López-Gómez J, Piethé R D. 2007. Oxfordian ramp system(La Manga Formation)in the Bardas Blancas area(Mendoza Province)Neuquen Basin, Argentina: facies and depositional sequences[J]. Sedimentary Geology, 195 (3): 113-134.

Pankhurst R J, Weaver S D, Hervé F, et al. 1999. Mesozoic-Cenozoic evolution of the North Patagonian batholith in Aysén, southern Chile[J]. Journal of the Geological Society, 156(4): 673-694.

Pardo-Casas F, Molnar P. 1987. Relative motion of the Nazca (Farallon)and South American plates since Late Cretaceous time[J]. Tectonics, 6(3): 233-248.

Pindell J L, Tabbutt K D. 1995. Mesozoic-Cenozoic Andean paleogeography and regional controls on hydrocarbon systems[C]. AAPG, 62: 101-128.

Pindell J, George R, Kennan L, et al. 1998. The Colombian Hydarocarbon Habitat: Integrated Sedimentaology, Geochemistry, Paleogeographic Evolution, Geodynamics, Petroleum Geology and Basin Analysis[M]. Tectonic Analysis, Inc. pp. Tankard A J, Suarez Soruco R, Welsink H J. Petroleum Basins of SouthAmerica. AAPG Memoir 62, 1-781.

Potter P E. 1997. The Mesozoic and Cenozoic paleodrainage of South America: a natural history[J]. Journal of South American Earth Sciences, 10(5): 331-344.

Rabinowitz P D, LaBrecque J. 1979. The Mesozoic South Atlantic Ocean and evolution of its continental margins[J]. Journal of Geophysical Research: Solid Earth, 84(B11): 5973-6002.

Ramon J C, Dzou L I. 1999. Petroleum geochemistry of Middle Magdalena Valley, Colombia[J]. Organic Geochemistry, 30(4): 249-266.

Ramos V A. 1989. Andean foothills structures in northern Magallanes Basin, Argentina [J]. AAPG Bulletin, 73 (7): 887-903.

Randall D E. 1998. A new Jurassic-Recent apparent polar wander path for South America and a review of central Andean tectonic models[J]. Tectonophysics, 299(1): 49-74.

Rangel A, Moldowan J M, Nino C, et al. 2002. Umir Formation: organic geochemical and stratigraphic assessment as cosource for Middle Magdalena basin oil, Colombia[J]. AAPG Bulletin, 86(12): 2069-2087.

Rangel A, Parra P, Niño C. 2000. The La Luna formation: chemostratigraphy and organic facies in the Middle Magdalena Basin[J]. Organic Geochemistry, 31(12): 1267-1284.

Rapela C W, Pankhurst R J, Casquet C, et al. 1998. Early evolution of the Proto-Andean margin of South America[J]. Geology, 26(8): 707-710.

Rogers JJ W. 1996. A history of continents in the past three billion years[J]. The Journal of Geology, 104: 91-107.

Rossetti D F, Góes A M. 2000. Deciphering the sedimentological imprint of paleoseismic events: an example from the Aptian Codó Formation, northern Brazil[J]. Sedimentary Geology, 135(1): 137-156.

Rossetti D F, Netto R G. 2006. First evidence of marine influence in the Cretaceous of the Amazonas Basin, Brazil[J]. Cretaceous Research, 27(4): 513-528.

Roure F, Colletta B, De Toni B, et al. 1997. Within-plate deformations in the Maracaibo and East Zulia basins, western Venezuela[J]. Marine and Petroleum Geology, 14(2): 139-163.

Rowan M G, Ratliff R A, Trudgill B D, et al. 2001. Emplacement and evolution of the Mahogany salt body, central Louisiana outer shelf, northern Gulf of Mexico[J]. AAPG Bulletin, 85(6): 947-969.

Sant'Anna L G, Clauer N, Cordani U G, et al. 2006. Origin and migration timing of hydrothermal fluids in sedimentary rocks of the Paraná Basin, South America[J]. Chemical Geology, 230(S1): 1-21.

Santos J O S, Potter P E, Reis N J, et al. 2003. Age, source, and regional stratigraphy of the Roraima Supergroup and Roraima-like outliers in northern South America based on U-Pb geochronology[J]. Geological Society of America Bulletin, 115(3): 331-348.

Schamel S. 1991. Middle and Upper Magdalena Basins, Colombia[J]. Memoir American Association of Petroleum Geologists, 52: 283-301.

Scherer C M S, Lavina E L C, Dias Filho D C, et al. 2007. Stratigraphy and facies architecture of the fluvial-aeolian-lacustrine Sergi Formation (Upper Jurassic), Rec? ncavo Basin, Brazil [J]. Sedimentary Geology, 194 (3): 169-193.

Scherer C M S. 2000. Eolian dunes of the Botucatu Formation(Cretaceous)in southernmost Brazil: morphology and origin[J]. Sedimentary Geology, 137(1): 63-84.

Schubert C. 1984. Basin formation along the Bocono-Moron-El Pilar Fault System, Venezuela[J]. Journal of Geophysical Research: Solid Earth, 89(B7): 5711-5718.

Sombra C L, Arienti L M, Pereira M J, et al. 1990. controlling porosity and permeability in clastic reservoirs of the Merluza deep field, Santos Basin, Brazil[J]. Boletim de geociências da PETROBRAS, 4 (4): 451-466.

Somoza R, Ghidella M E. 2005. Convergencia en el margen occidental de América del Sur durante el Cenozoico: subducción de las placas de Nazca, Farallón y Aluk [J]. Revista de la Asociación Geológica Argentina, 60 (4): 797-809.

Somoza R, Zaffarana C B. 2008. Mid-Cretaceous polar standstill of South America, motion of the Atlantic hotspots and the birth of the Andean cordillera[J]. Earth and Planetary Science Letters, 271(1): 267-277.

Spalletti L A, Dalla Salda L H. 1996. A pull apart volcanic related Tertiary basin, an example from the Patagonian Andes[J]. Journal of South American Earth Sciences, 9(3): 197-206.

Spikings R, Dungan M, Foeken J, et al. 2008. Tectonic response of the central Chilean margin(35°-38° S)to the collision and subduction of heterogeneous oceanic crust: a thermochronological study[J]. Journal of the Geological Society, 165(5): 941-953.

Suarez R M A. 1997. Facies analysis of the upper Eocene La Paz formation, and regional evaluation of the post-middle Eocene stratigraphy, northern middle Magdelena Valley Basin, Colombia[D]. Boulder : University of Colorado.

Talukdar S, Marcano F. 1993. Petroleum systems of the Maracaibo Basin, Venezuela[C]. American Association of Petroleum Geologists International Congress and Exhibition, Abstracts, Bulletin American Association of Petroleum Geologists, 77 (2): 351.

Talukdar S, Marcano F. 1994. Petroleum systems of the Maracaibo Basin[C], The Petroleum System-From Source to Trap, Memoir American Association of Petroleum Geologists, 60: 463-481.

Talukdar S, Gallango O, Chin-A-Lien M. 1986. Generation and migration of hydrocarbons in the Maracaibo basin, Venezuela: An integrated basin study[J]. Organic Geochemistry, 1986, 10(1-3): 261-279.

Talwani M, Abreu V. 2000. Inferences Regarding Initiation of Oceanic Crust Formation From the US East Coast Margin and Conjugate South Atlantic Margins[M]. Washington, DC : American Geophysical Union.

Tankard A J, Súrez Soruco R, Welsink H J. 1995. Petroleum Basins of South America[M]. Tulsa: AAPG.

Tanner P W G, Macdonald D I M. 1982. Models for the deposition and simple shear deformation of a turbidite sequence in the South Georgia portion of the southern Andes back-arc basin[J]. Journal of the Geological Society, 139 (6): 739-754.

Taylor G K, Grocott J, Pope A, et al. 1998. Mesozoic fault systems, deformation and fault block rotation in the Andean forearc: a crustal scale strike-slip duplex in the Coastal Cordillera of northern Chile[J]. Tectonophysics, 299 (1): 93-109.

Thorkelson D J. 1996. Subduction of diverging plates and the principles of slab window formation [J]. Tectonophysics 255 (1), 47-63.

Umazano A M, Bellosi E S, Visconti G, et al. 2008. Mechanisms of aggradation in fluvial systems influenced by explosive volcanism: an example from the Upper Cretaceous Bajo Barreal Formation, San Jorge Basin, Argentina[J]. Sedimentary Geology, 203(3): 213-228.

Urien C M, Zambrano J J, Yrigoyen M R. 1995. Petroleum basins of southern South America: an overview[J]. AAPG Bulletin. 63-77.

VanVeen F R. 1971. Depositional environments of the Eocene Mirador and Misoa Formations, Maracaibo Basin, Venezuela[J]. Geol. Mijnbouw, 50: 527-546.

Vaughan A P M, Pankhurst R J. 2008. Tectonic overview of the West Gondwana margin[J]. Gondwana Research, 13 (2): 150-162.

Villamil T. 1999. Campanian-Miocene tectonostratigraphy, depocenter evolution and basin development of Colombia and western Venezuela[J]. Palaeogeography, Palaeoclimatology, Palaeoecology, 153(1): 239-275.

Viramonte J G, Kay S M, Becchio R, et al. 1999. Cretaceous rift related magmatism in central-western South America [J]. Journal of South American Earth Sciences, 12(2): 109-121

Wadge G, Macdonald R. 1985. Cretaceous tholeiites of the northern continental margin of South America: the Sans Souci Formation of Trinidad[J]. Journal of the Geological Society, 142(2): 297-308.

Yurewicz D A, Advocate D M, Lo H B, et al. 1998. Source rocks and oil families, southwest Maracaibo Basin (Catatumbo Subbasin), Colombia[J]. AAPG Bulletin, 82(7): 1329-1352.

Zerfass H, Chemale F, Schultz C L, et al. 2004. Tectonics and sedimentation in southern South America during Triassic[J]. Sedimentary Geology, 166(3): 265-292.

Zerfass H, Lavina E L, Schultz C L, et al. 2003. Sequence stratigraphy of continental Triassic strata of Southernmost Brazil: a contribution to Southwestern Gondwana palaeogeography and palaeoclimate[J]. Sedimentary Geology, 161(1): 85-105.

Zhao G, Sun M, Wilde S A. 2002. Did South America and West Africa marry and divorce or was it a long-lasting relationship? [J]. Gondwana Research, 5(3): 591-596.

索　引